U0148593

普通高等教育"十一五"国家级规划教材
（高职高专教育）

计算机平面设计实训

Jisuanji Pingmian Sheji Shixun

（第2版）

赵　荣　宋振云　丁海祥　主编

高等教育出版社·北京
HIGHER EDUCATION PRESS　BEIJING

内容提要

本书是普通高等教育"十一五"国家级规划教材。本书以案例的形式，由浅入深、全面系统地介绍 Photoshop 图形图像处理、CorelDRAW 绘制矢量图形的操作方法和技巧。

本书内容丰富，讲解详细，可操作性强。全书分两篇，共 13 章。第 1 篇为 Photoshop 部分，包括第 1 章至第 7 章，内容为 Photoshop 基本操作、水墨画绘制、照片处理、平面广告设计、书籍装帧设计、婚纱照片处理、海报设计。第 2 篇为 CorelDRAW 部分，包括第 8 章至第 13 章，内容为 CorelDRAW 基本绘图技巧、插画绘制、写实绘画、宣传单设计、包装设计、企业 VI 设计。根据不同的知识点，每章都配有不同的案例，循序渐进地介绍平面设计中各种基本知识和高级技巧。通过本书的学习，读者能够在较短的时间内掌握 Photoshop 和 CorelDRAW 这两种软件的使用技巧，并能进行进一步的专业图像处理和设计。

本书提供配套的多媒体教学资源，包括每章的电子教案、平面设计常用素材以及全部案例的相关素材文件及效果文件。

本书结构清晰，内容翔实，案例操作从易到难，可作为高职高专院校及计算机培训学校相关课程的教材，也可作为平面设计人员的学习参考用书。

图书在版编目(CIP)数据

计算机平面设计实训/赵荣，宋振云，丁海祥主编. —2 版. —北京：高等教育出版社，2011. 6

ISBN 978-7-04-032649-9

Ⅰ. ①计…　Ⅱ. ①赵…　②宋…　③丁…　Ⅲ. ①计算机辅助设计：平面设计－高等学校－教材　Ⅳ. ①J524

中国版本图书馆 CIP 数据核字(2011)第 095488 号

策划编辑　许兴瑜　　责任编辑　许兴瑜　　封面设计　王　洋　　版式设计　王艳红
插图绘制　尹　莉　　责任校对　张小镝　　责任印制　尤　静

出版发行	高等教育出版社	网　　址	http://www.hep.edu.cn
社　　址	北京市西城区德外大街 4 号		http://www.hep.com.cn
邮政编码	100120	网上订购	http://www.landraco.com
印　　刷	北京嘉实印刷有限公司		http://www.landraco.com.cn
开　　本	787×1092　1/16		
印　　张	12	版　　次	2004 年 5 月第 1 版
字　　数	290千字		2011 年 6 月第 2 版
购书热线	010-58581118	印　　次	2011 年 6 月第 1 次印刷
咨询电话	400-810-0598	定　　价	21.50 元

物 料 号　32649-00

前　言

本书使读者在一种轻松、愉快的氛围中由浅入深地了解平面设计知识与技巧，掌握 Photoshop 和 CorelDRAW 在平面设计中的应用技法。

案例与软件结合是本书的一大特色。在每章的开始部分，首先介绍平面设计的专业知识，然后讲解软件功能，再针对软件功能制作相关的案例。全书分两篇，共 13 章。第 1 篇为 Photoshop 部分，包括第 1 章至第 7 章，第 2 篇为 CorelDRAW 部分，包括第 8 章至第 13 章。通过 30 个案例循序渐进地介绍 Photoshop 基本操作、水墨画绘制、照片处理、广告设计、书籍装帧设计、婚纱照片处理、海报设计、CorelDRAW 基本绘图技巧、插画绘制、写实绘画、宣传单设计、包装设计、企业 VI 设计等知识。

本书内容丰富，操作步骤简洁流畅，实用性强。通过本书的学习，读者能够在较短的时间内对 Photoshop 和 CorelDRAW 这两种软件有全面的了解，进而迅速达到专业设计水平。

本书的第 1 版受到了广泛好评，累计销售近 2 万册，这次修订采纳了专家同行的建议，更新了软件版本。为方便教学，本书为教师提供配套的多媒体教学资源，包括每章的电子教案、平面设计常用素材以及全部案例的相关素材文件及效果文件。

本书的编写分工如下：赵荣、宋振云、丁海祥任主编，胡昌杰负责全书的整体编写风格、框架结构、内容安排，赵荣负责全书的统稿工作；李岚负责第 1 章、第 2 章、第 5 章的编写，纪辉进负责第 3 章、第 4 章的编写，魏华负责第 6 章、第 7 章的编写，赵荣负责第 8 章的编写，杨华芬负责第 9 章的编写，段然负责第 10 章、第 11 章、第 12 章、第 13 章的编写。此外，参与本书编写的还有徐红莉、王英、余晓丽。

本书作为教材时，建议分配课时为 96 学时，其中课堂教学 40 学时，上机实践 56 学时。具体学时分配如下表所示。

篇	章	内　容	课堂教学学时	上机实践学时	合计
1	1	构成设计	2	4	6
	2	水墨画绘制	4	4	8
	3	照片处理	4	4	8
	4	平面广告设计	4	4	8
	5	书籍装帧设计	2	4	6
	6	婚纱照片处理	3	3	6
	7	海报设计	3	3	6

续表

篇	章	内　容	课堂教学学时	上机实践学时	合计
2	8	CorelDRAW 基本绘图技巧	4	4	8
	9	插画绘制	2	6	8
	10	写实绘画	2	6	8
	11	宣传单设计	4	4	8
	12	包装设计	2	6	8
	13	企业Ⅵ设计	4	4	8
合计			40	56	96

由于编者水平有限，书中难免存在不足之处，希望广大读者来信指正，编者的邮箱地址是huchangj@263.net。

编　者

2011年5月

目　录

第 1 篇　Photoshop 部分

第2篇 CorelDRAW部分

第 1 篇

Photoshop 部分

第1章 构成设计

熟悉 Photoshop 的界面，认识 Photoshop 中的常用工具，利用简单工具对物品进行外观的设计。

1.1 平面构成

平面构成是视觉元素在二维平面上按照美的视觉效果和力学的原理进行编排与组合，以理性和逻辑推理来创造形象，研究形象与形象之间的排列方法。通过对思维方式的开发，可以培养一种创造性观念。

1. 平面构成元素

点、线、面是平面构成的主要元素。点是最小的形象组成元素，任何物体缩小到一定程度都会变成不同形态的点。当画面中有一个点时，这个点会成为视觉的中心。当画面上有大小不同的点时，人们首先注意的是大的点，而后视线会移向小的点，从而产生视觉的流动。当多个点同时存在时，会产生连续的视觉效果。

线是点移动的轨迹，线的连续移动形成面。不同的线和面具有不同的情感特征，如水平线给人以平和、安静的感觉，斜线则代表了动力和惊险；规则的面给人以简洁、秩序的感觉，不规则的面则产生活泼、生动的感觉。

2. 平面构成的基本形式

(1)重复构成

重复构成就是将视觉形象秩序化、整齐化，体现整体的和谐与统一。重复构成包括基本形重复构成、骨骼重复构成、重复骨骼与重复基本形的关系、群化构成等。

(2)渐变构成

渐变构成是将基本形状有规律地循序变动，产生节奏感和韵律感。形象的大小、疏密、明暗等关系都能够达到渐变的效果。

(3)发射构成

发射构成具有重复和渐变的特征，它可以使所有的图形向中心集中或由中心向四周扩散。发射具有两个显著的特征：一是有很强的焦距感，二是有一种深邃的空间感。

(4)特异构成

特异构成可以突破规律所造成的单调感，形成鲜明的反差，产生一定的趣味性。在特异构成中特异部分的数量不应过多，并且要将其放在比较显著的位置，形成视觉的焦点。

(5)对比构成

对比构成主要是通过形态本身的大小、方向、位置、聚散等方面的对比来产生强烈的视觉效果。

(6)矛盾空间

矛盾空间在实际空间中是不可能存在的空间,是一种错视空间。它打破了平面的局限性,利用这种特殊的空间形式能够创造出独特的视觉效果。

(7)肌理构成

肌理是指物体表面的纹理,它是视觉艺术的语言要素之一。肌理可分为视觉肌理和触觉肌理两大类。视觉肌理是对物体表面特征的认识,触觉肌理则是用手触摸到的感觉。

1.2 色彩构成

色彩构成是根据构成原理将色彩按照一定的关系进行组合,调配出符合需要的颜色。色彩构成的训练可以扩大人们对色彩的想象力,增强对色彩语言表现力的认识。

1. 色彩的属性

色彩的属性包括色相、明度和彩度。色相是指色彩的相貌,光谱中的红、橙、黄、绿、蓝、紫为基本色相。明度是指色彩的明暗程度。彩度是指色彩的鲜艳程度,也称为饱和度。色相的彩度和明度之间是不成正比的,如红色的彩度比黄色高,但黄色的明度却比红色高。当在一种颜色中加入其他颜色时,该颜色的彩度就会降低。

2. 色彩的对比与调和

(1)色彩的对比

色彩的对比是指两种或两种以上色彩并置时,由于相互影响而产生的差别,它包括色相对比、明度对比和彩度对比。

不同色相的两种或两种以上色彩并置时产生的对比现象称为色相对比。色相对比的强弱取决于色相在色相环上的距离。当不同明度的两种或两种以上色彩并置时,会产生明的更明、暗的更暗的现象,这种对比现象就是明度对比。不同彩度的两种或两种以上色彩并置时,因彩度差别而产生的鲜色更鲜、浊色更浊的现象为彩度对比。

(2)色彩的调和

色彩的调和是指使两种或两种以上的色彩呈现平衡、协调、统一的状态。它是构成色彩美感的重要因素。色彩的调和方式包括统一性调和和对比性调和。统一性调和就是在统一中寻求变化,保持整体协调的同时又有小部分的差异;对比性调和是在变化中寻求统一,变化的同时又存在一定的秩序性。

1.3 绘图案例:个性化水晶按钮

1.3.1 案例说明

本案例通过水晶质感按钮的制作,主要介绍椭圆工具、画笔工具的应用,并介绍图层的使用技巧,以及简单的图层样式运用等知识。

1.3.2　绘制球体

步骤1.新建一个大小为800像素×600像素，分辨率为72像素/英寸的图像文件，如图1-3-1所示，将“背景内容”设置为黑色。

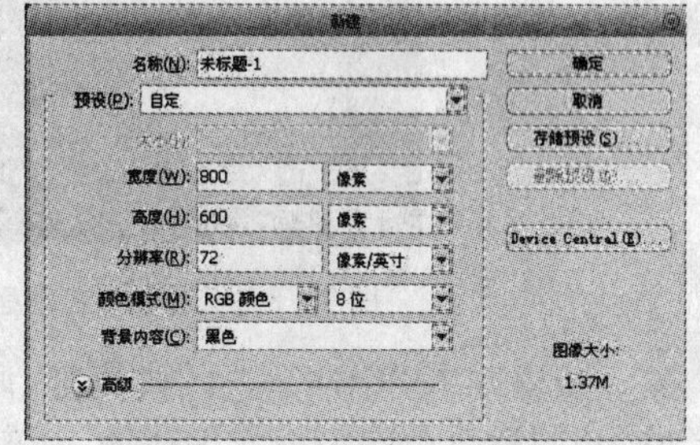

图1-3-1　“新建”对话框

步骤2.新建一个“圆形A”图层，前景色设置为蓝色(R:0,G:144,B:255)，使用椭圆工具并按“Shift”键，在画布中央绘制一个正圆选区，按“Alt”+“Delete”快捷键填充选区。

步骤3.为“圆形A”增加立体感。选择“圆形A”图层并右击，在快捷菜单中选择“混合选项”命令，弹出“图层样式”对话框，设置参数如图1-3-2～图1-3-5所示。

其中，将外发光颜色设置为蓝色(R:35,G:135,B:255)，将渐变色设置为蓝色(R:35,G:135,B:255)到深蓝色(R:1,G:15,B:45)渐变。

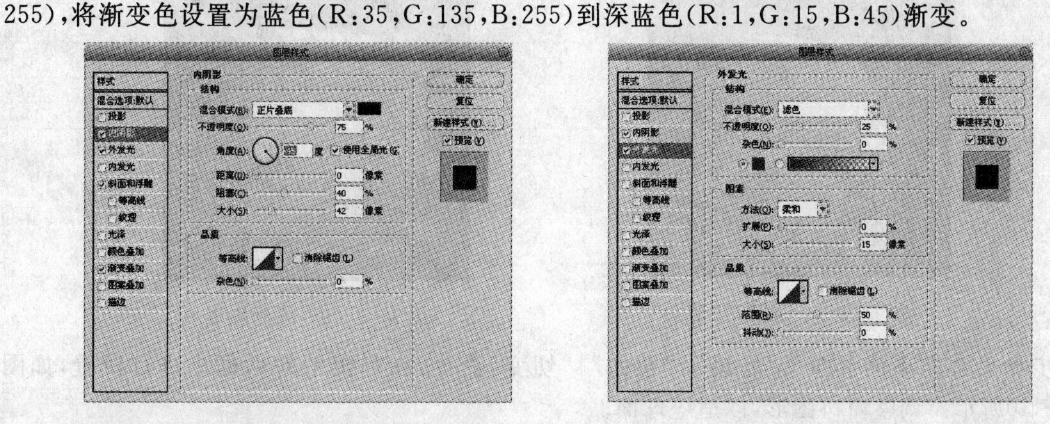

图1-3-2　内阴影“图层样式”对话框　　图1-3-3　外发光“图层样式”对话框

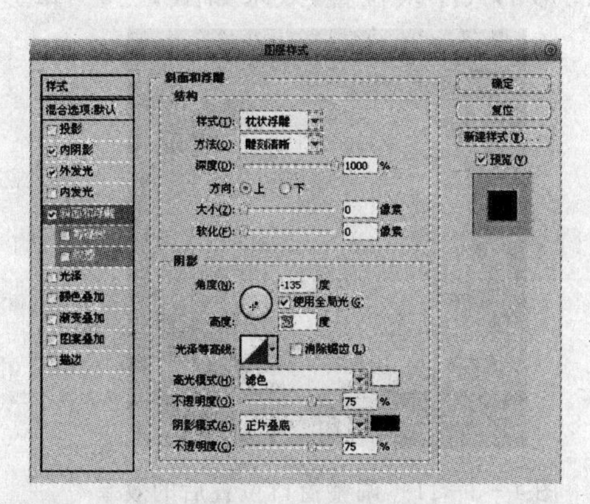

图1-3-4　斜面和浮雕“图层样式”对话框

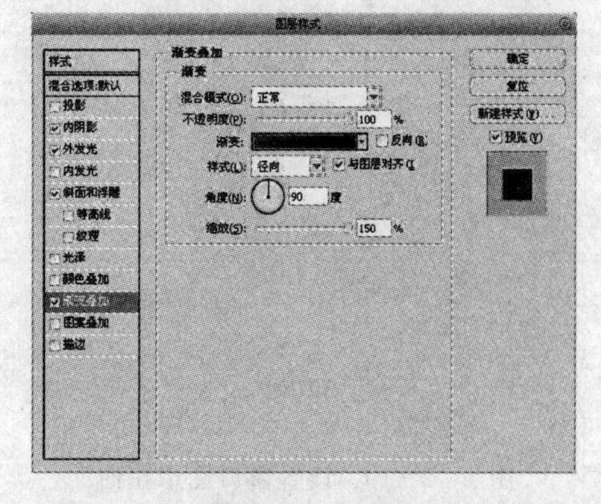

图1-3-5　渐变叠加“图层样式”对话框

步骤4.调整后的效果如图1-3-6所示。下面为其增加高光效果。创建新图层“矩形B”，用矩形工具绘制出一个矩形。按“Alt”键，将矩形裁剪成4个小矩形，形成窗口图形并用白色进行填充。按“Ctrl”+“D”快捷键取消选区，效果如图1-3-7所示。

图 1-3-6 增加立体感

图 1-3-7 增加高光效果

步骤 5. 按“Ctrl”+“T”快捷键，调整窗口图形大小，按“Ctrl”键，拖动鼠标对窗口图形进行变形，并调整窗口图形到适当位置，如图 1-3-8 所示。

步骤 6. 使用矩形选框工具，绘制出一个矩形，如图 1-3-9 所示。

图 1-3-8 窗口变形

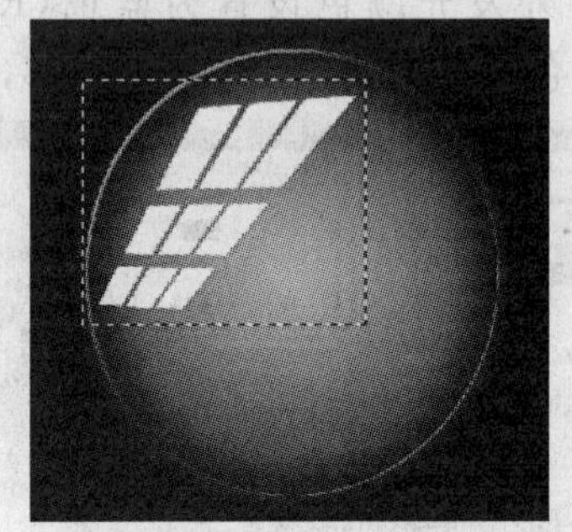

图 1-3-9 绘制矩形

步骤 7. 在菜单栏中选择“滤镜”|“扭曲”|“切变”命令，在弹出的对话框中进行设置，如图 1-3-10所示。调整窗口图形，以适应球面。

步骤 8. 再次按“Ctrl”+“T”快捷键，调整窗口图形的大小及位置，效果如图 1-3-11 所示。

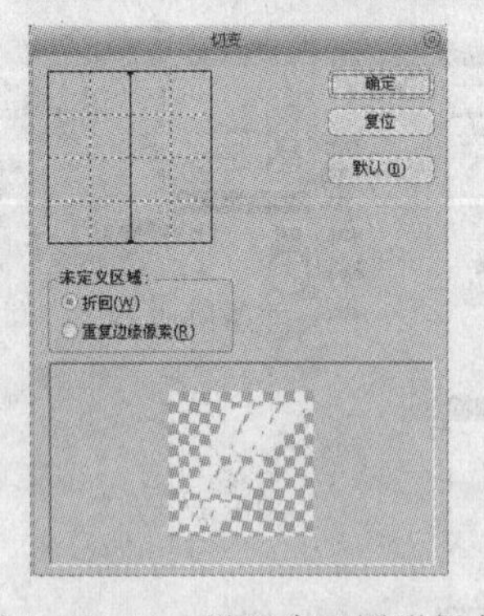

图 1-3-10 设置窗口图形扭曲

图 1-3-11 调整窗口位置后的效果

步骤 9. 选择画笔工具，属性栏参数设置如图 1-3-12 所示。绘制出高光效果，如图 1-3-13所示。

图 1-3-12 画笔工具属性栏

步骤 10. 在窗口图形上绘制一个光斑。新建一个“圆形 C”图层，以白色为前景色，选择画笔工具，在属性栏中设置不透明度为 100%，在窗口图形上部绘制出一个白色光斑。在菜单栏中选择“滤镜”|“液化”命令，打开“液化”对话框，单击左侧的向前变形工具，使光斑变形，效果如图1－3－14所示。

步骤 11. 单击“确定”按钮，最终效果如图 1－3－15 所示。

提示：如果这时需要修改窗口的明暗，也可以在“矩形 B”图层上修改透明度。

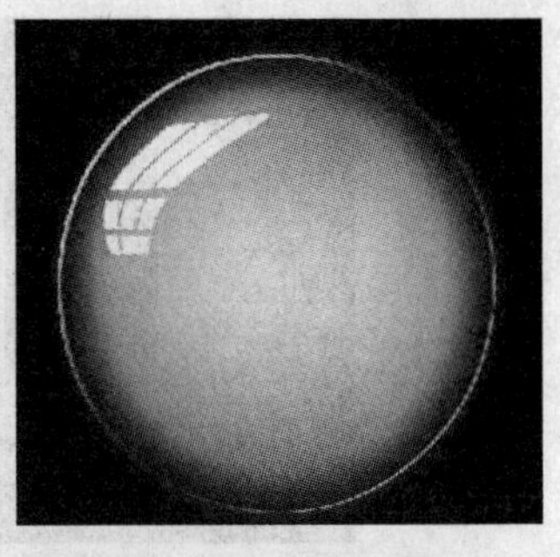

图 1－3－13　高光效果

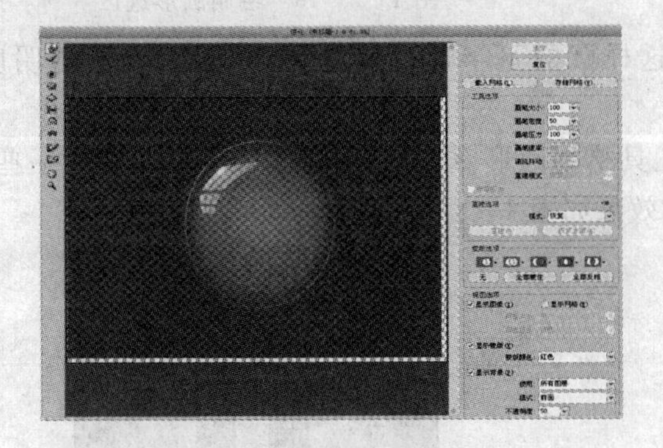

图 1－3－14　设置光斑

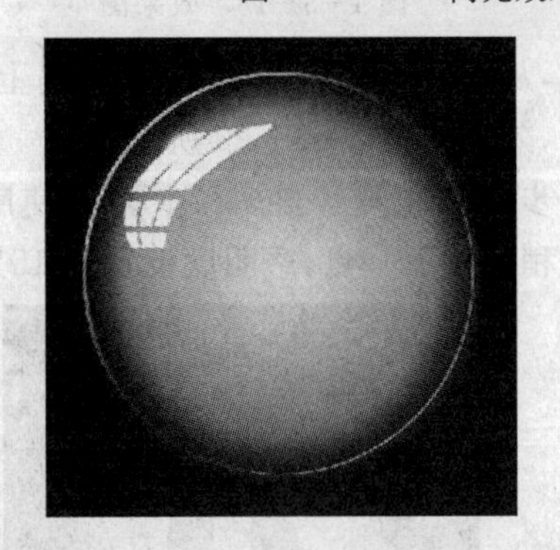

图 1－3－15　光斑效果

1.3.3　绘制按钮

步骤 1. 制作一个暂停按钮。选择图层“圆形 A”，新建一个图层，命名为“暂停按钮”，使用矩形工具绘制出一个暂停标志，右击“暂停按钮”图层，在弹出的快捷菜单中选择“混合选项”命令，设置混合选项和外发光的参数，如图 1－3－16 和图 1－3－17 所示。

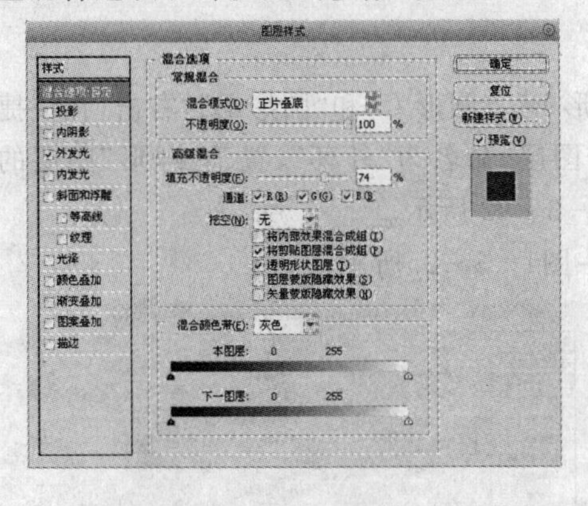

图 1－3－16　混合选项“图层样式”对话框

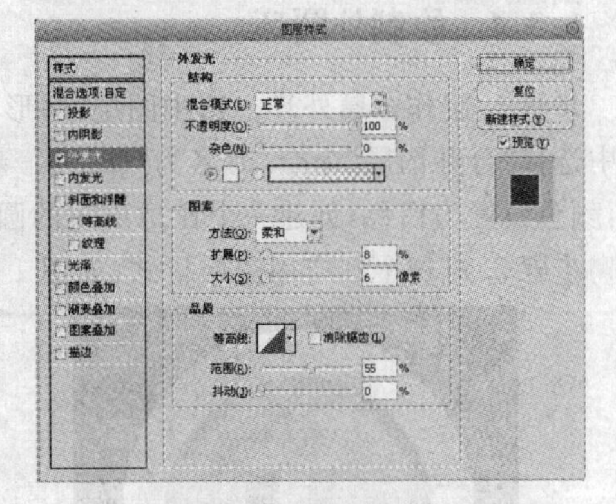

图 1－3－17　外发光“图层样式”对话框

步骤 2. 设置完毕，单击“确定”按钮，效果如图 1－3－18 所示。

步骤 3. 新建一个图层，命名为“圆形 D”，使用椭圆工具绘制一个圆形选区，并填充为白色，如图 1－3－19 所示。

步骤 4. 对该图层应用图层蒙版，将前景色和背景色分别设置为黑色和白色，选取线性渐变

图 1-3-18　效果图

图 1-3-19　绘制圆形选区

工具，从圆的底部拖向圆的中间偏上位置，这样圆的下半部就变为透明，最后设置透明度为10%，效果如图 1-3-20 所示。

步骤 5. 重复步骤 3 和步骤 4，使用椭圆工具绘制圆形，这个圆要比刚才的圆稍微大一些，位置也稍微偏下一点，透明度设置为 15%，最终效果如图 1-3-21 所示。

图 1-3-20　设置图层蒙版

图 1-3-21　再次绘圆且加蒙版

1.3.4　绘制外圆环

步骤 1. 制作金属外环。选中图层"圆形 A"、"矩形 B"、"圆形 C"和"圆形 D"，右击，在快捷菜单中选择"合并图层"命令，命名为"球形"。新建一个图层，命名为"外环"，置于"球形"图层的下面，颜色设置为白色，创建一个比球更大的圆，如图 1-3-22 所示。

步骤 2. 对这个圆应用图层样式，如图 1-3-23～图1-3-25所示。

图 1-3-22　绘制外圆环

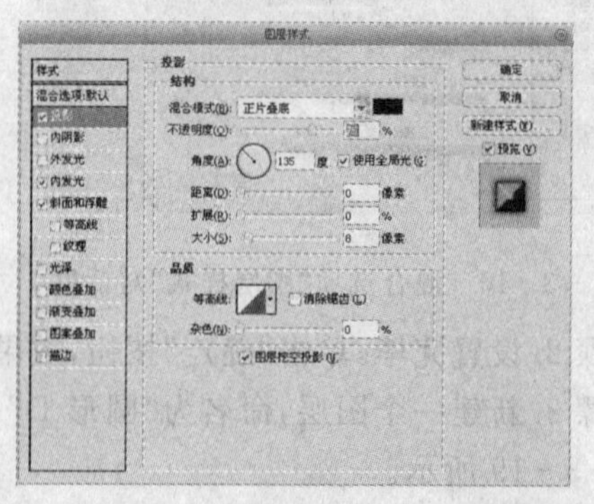

图 1-3-23　投影"图层样式"对话框

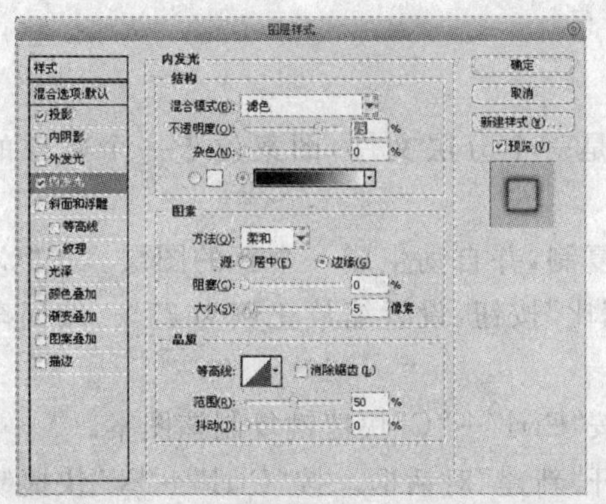

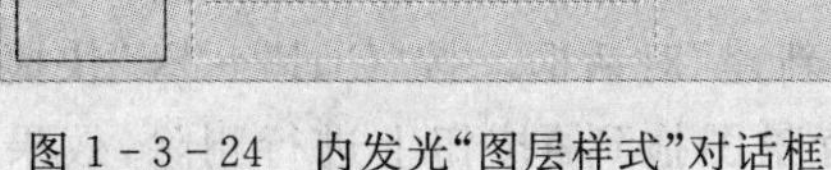

图1-3-24　内发光“图层样式”对话框

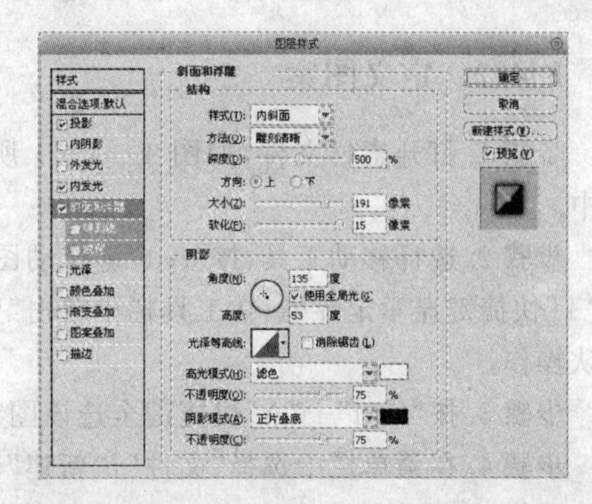

图1-3-25　斜面和浮雕“图层样式”对话框

步骤3.对这个圆执行“描边”命令，宽度设置为1px，颜色设置为白色。

步骤4.为金属外环添加小装饰。新建图层，命名为“圆形修饰”，使用椭圆工具绘制一个正圆；接着使用渐变工具，选择属性栏中的“径向渐变”模式，如图1-3-26所示，按住鼠标左键，从小圆的中心偏左上的位置向右下角拖动，绘制一个小球。

图1-3-26　设置属性栏参数

步骤5.按“Ctrl”+“D”快捷键，撤销选区。按“Ctrl”+“T”快捷键，调整小球的大小，按回车键确认。选择移动工具，将小球移动至外环的适当位置。按“Alt”键，拖动小球，复制另外3个小球，分别放在外环的上、下、左、右4处。最终效果如图1-3-27所示。

图1-3-27　最终效果

1.4　拓展案例：制作光盘封套

1.4.1　案例说明

本案例通过制作一个光盘封套，熟悉椭圆工具、画笔工具的用法以及各种常用工具间的配合使用，以达到熟练运用各种工具的目的。

1.4.2 定义图案

步骤1.打开素材文件,如图1-4-1所示。这是一个分层文件,图案位于一个单独的图层中。

步骤2.选择移动工具,按“Alt”键拖动图案进行复制,并自动生成一个新的图层。按“Ctrl”+“T”快捷键显示定界框,在工具栏中单击“保持长宽比”按钮,设置缩放比例为27%,按回车键确认操作。

步骤3.按“Ctrl”+“A”快捷键全选该图案,然后按“Ctrl”+“C”快捷键复制该图案。

步骤4.在菜单栏中选择“文件”|“新建”命令,打开“新建”对话框。按“Ctrl”+“V”快捷键粘贴该图像,图层面板中会自动生成一个新的图层。将背景图拖到按钮上进行删除,效果如图1-4-2所示。

图1-4-1 素材文件

图1-4-2 删除背景后的效果

步骤5.在菜单栏中选择“编辑”|“定义图案”命令,打开“图案名称”对话框,将图案命名为“花纹”,单击“确定”按钮。

步骤6.在窗口中选择素材文件,将用于制作图案的图层删除。在背景图层上面新建一个图层,如图1-4-3所示。选择油漆桶工具,单击下三角按钮 图案,打开下拉列表框,在列表框的最下面可以看到新建的图案。选择该图案,在画面中单击,填充图案,效果如图1-4-4所示。

图1-4-3 新建图层

图1-4-4 填充图案后的效果

步骤7.按“Shift”+“Ctrl”+“U”快捷键,执行“去色”命令,图层填充设置为26%,效果如图1-4-5所示。

步骤8.选择背景图层,将前景色设置为灰色,按“Alt”+“Delete”快捷键填充前景色,效果如图1-4-6所示。

图 1-4-5　执行去色后的效果

图 1-4-6　填充前景色后的效果

步骤 9. 按“Ctrl”键并单击“图层 1”，将它与背景图层同时选中。按“Ctrl”+“E”快捷键合并图层，然后按“Ctrl”+“A”快捷键全选，在菜单栏中选择“编辑”|“描边”命令，打开“描边”对话框，设置宽度为 44 px，颜色为蓝色，在“位置”选项区域中选择“内部”选项，如图 1-4-7 所示。单击“确定”按钮，按“Ctrl”+“D”快捷键取消选择。

步骤 10. 用同样的方法，为内框加白色描边，效果如图 1-4-8 所示。

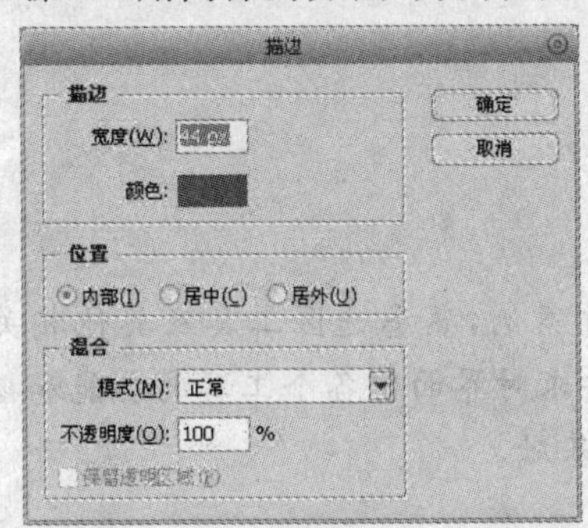

图 1-4-7　“描边”对话框

图 1-4-8　描边效果

步骤 11. 选择椭圆选框工具，按“Shift”键，在背景图层上绘制一个正圆，设置前景色为浅灰色，按“Alt”+“Delete”快捷键填充，效果如图 1-4-9 所示。

图 1-4-9　绘制正圆

1.4.3　修饰图像

步骤 1. 使用自定形状工具和画笔工具分别在光盘面和底面加上装饰，使用横排文字工具输入文字，效果如图 1-4-10 所示。

步骤2. 合并所有图层，添加图层样式，设置投影，使它具有立体效果，最终效果如图1-4-11所示。

图1-4-10 装饰盘面

图1-4-11 最终效果

小结与练习

本章小结

本章重在熟悉Photoshop的操作环境。通过按钮制作案例，熟悉选区工具及其他相关工具的使用；通过光盘封套制作案例，掌握图层的应用方法。要求对界面中各个工具的功能和搭配使用有进一步的了解，为后面进行较为复杂的案例操作打下基础。

练　　习

1. 利用一幅照片图像和一幅风景图像，将人物身影复制到风景图像当中，制作出一幅异地留影的图像。

2. 制作一款带有不同播放标志按钮的MP4图像。

第2章　水墨画绘制

通过本章的案例，学习和掌握绘画工具组的使用，并能利用绘画工具组与相关工具的搭配，绘制出不同的图像。

2.1　关于水墨画

水墨画，是绘画的一种形式，更多时候被视为中国传统绘画，也就是国画的代表。基本的水墨画，仅有水与墨，黑色与白色。但进阶的水墨画，也有工笔花鸟画，色彩缤纷。后者有时也称为彩墨画。在中国画中，以中国画特有的材料之一——墨为主要原料加以清水的多少引为浓墨、淡墨、干墨、湿墨、焦墨等，画出不同浓淡（黑、白、灰）层次，别有一番韵味，称为“墨韵”，而形成水墨为主的一种绘画形式。

1. 水墨画的特点

水墨画有着自己明显的特征。传统的水墨画，讲究“气韵生动”，不拘泥于物体外表的相似，而多强调抒发作者的主观情趣。中国画讲求“以形写神”，追求一种“妙在似与不似之间”的感觉，讲究笔墨神韵。笔法要求：平、圆、留、重、变。墨法要求：墨分五色，浓、淡、破、泼、渍、焦、宿。讲究“骨法用笔”，不讲究焦点透视，不强调环境对于物体的光色变化的影响，讲究空白的布置和物体的“气势”。可以说西洋画是“再现”的艺术，中国画是“表现”的艺术。中国画是要表现“气韵”和“境界”。另外，中国画爱写诗词及题字，再加红印签名。

2. 水墨画的技法

用墨要整体，一般讲，“浓破淡”较融合，而“淡破浓”由于生宣纸有先入为主的特性，尤其是浓墨八成干时再用淡墨或清水去破，这样，先画的就比较清晰。当熟悉了这种方法之后，可以有意识地利用其效果。画一幅画要有整体设计，墨色要注意黑、白、灰的安排。黑就是浓墨；灰是淡墨；白是白纸，是空间。人群中的留白和白纸空间要呼应好。还有一点，线的疏密变化也会造成灰的效果，线面搭配要合理。尤其画面人物众多时，更不要在局部过多地找小变化，要在一组一组中找大的对比。

2.2　案例：绘制竹子水墨画

2.2.1　案例说明

本案例通过绘制一幅竹子水墨画，介绍使用 Photoshop 绘制水墨画的方法。其中主要用到椭圆工具、画笔工具等，并介绍了图层的使用技巧以及图层样式的运用。

2.2.2　绘制竹叶

步骤1. 打开Photoshop CS4软件，在菜单栏中选择“文件”|“新建”命令，打开“新建”对话框，如图2-2-1所示。

步骤2. 新建图层并命名为“竹叶”，用椭圆选框工具绘制椭圆选区，在选区内填充一个黑白线性渐变，如图2-2-2所示。

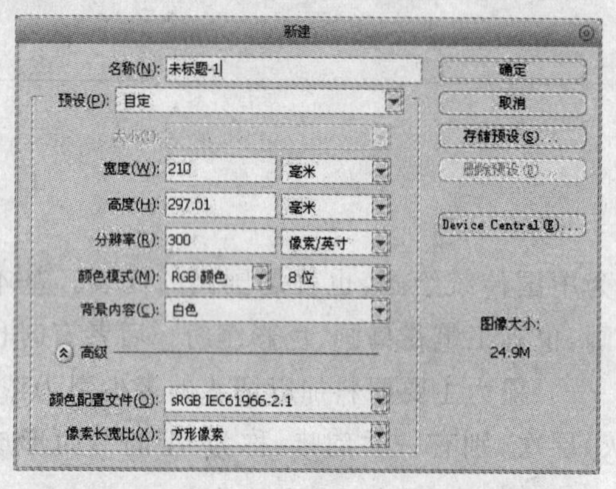

图2-2-1　“新建”对话框

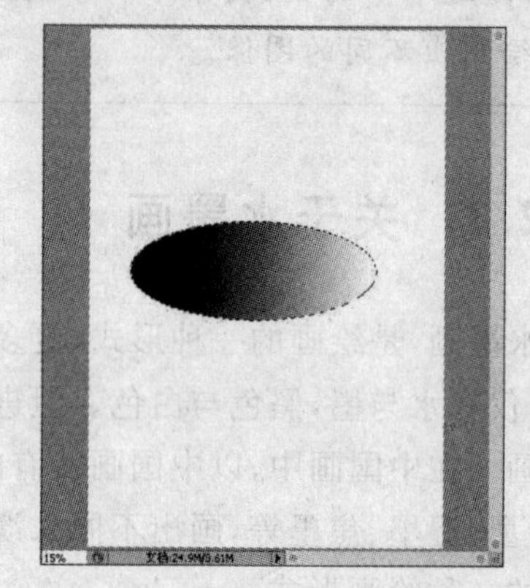

图2-2-2　椭圆选区

步骤3. 用钢笔工具绘制一个竹叶的形状，按“Ctrl”+“Enter”快捷键转为选区，如图2-2-3所示。

步骤4. 按“Shift”+“Ctrl”+“I”快捷键进行反选，按“Delete”键删除选区，绘制得到一片竹叶，如图2-2-4所示。

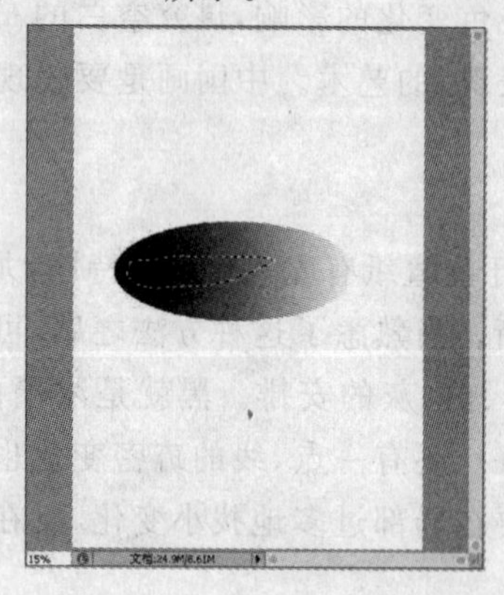

图2-2-3　竹叶选区

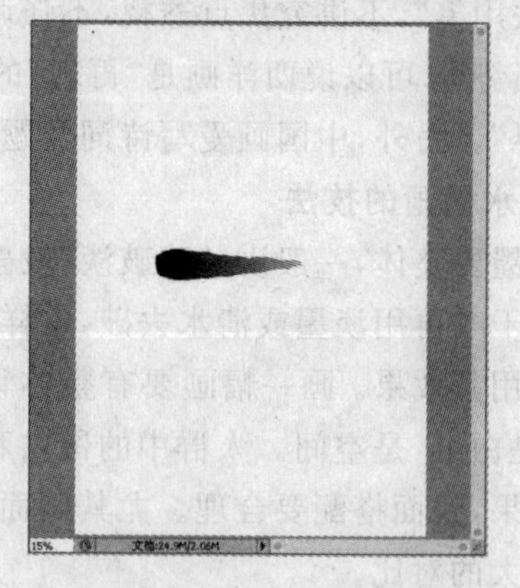

图2-2-4　一片竹叶

步骤5. 按“Ctrl”+“T”快捷键对竹叶进行变换，然后复制多片竹叶，形成一组竹叶，如图2-2-5所示。

步骤6. 新建图层“竹叶2”，按照步骤5的方法，对竹叶进行变换，使用渐变工具加深竹叶颜色，然后再绘制一组形态各异的竹叶，最终效果如图2-2-6所示。

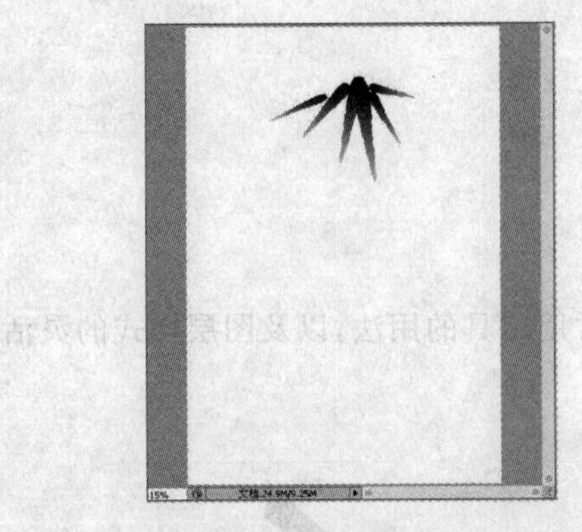

图 2-2-5　一组竹叶

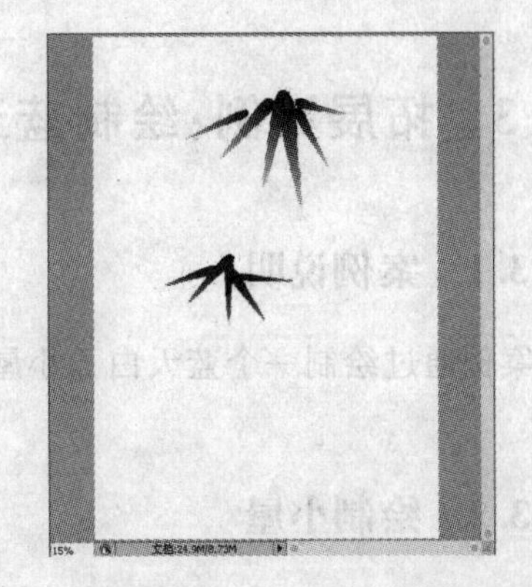

图 2-2-6　两组竹叶

2.2.3　绘制竹竿

步骤 1. 新建图层“竹竿”，用矩形选框工具绘制一个长条形选区，在选区内填充一个对称渐变。用“涂抹工具”涂出竹竿的竹节，并复制一根竹竿，如图 2-2-7 所示。

步骤 2. 按“Alt”键，分别拖动“竹叶”图层，复制到竹竿表面，效果如图 2-2-8 所示。

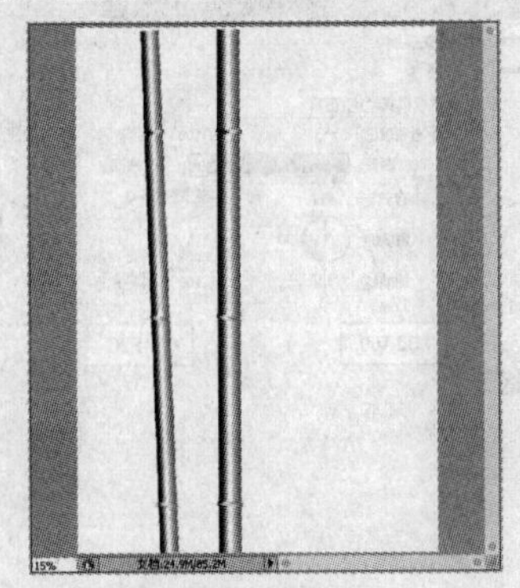

图 2-2-7　竹竿

图 2-2-8　竹子

步骤 3. 选择画笔工具，画笔设置如图 2-2-9 所示，在属性栏中设置不透明度为 13%，绘制一条细线；使用直排文字工具添加文字，最终效果如图 2-2-10 所示。

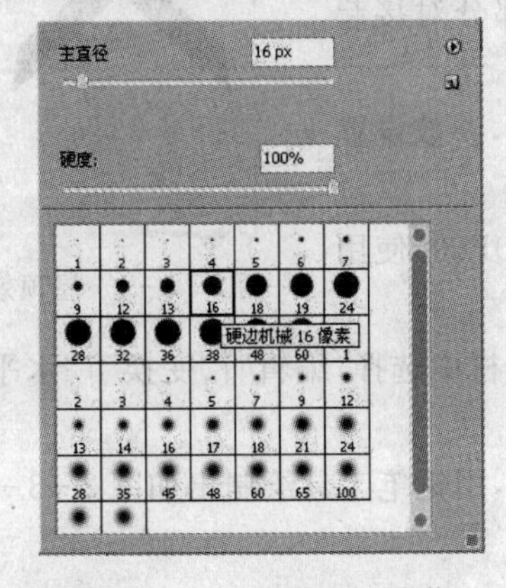

图 2-2-9　选择画笔形状

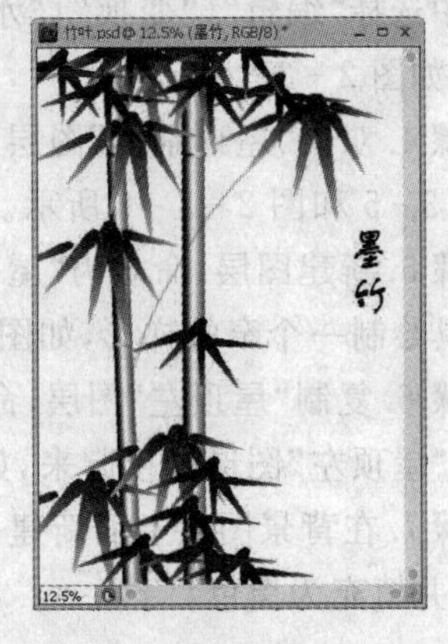

图 2-2-10　最终效果

2.3 拓展案例:绘制蓝天白云小屋

2.3.1 案例说明

本案例通过绘制一个蓝天白云小屋,进一步熟悉各种常用工具的用法,以及图层样式的灵活运用。

2.3.2 绘制小屋

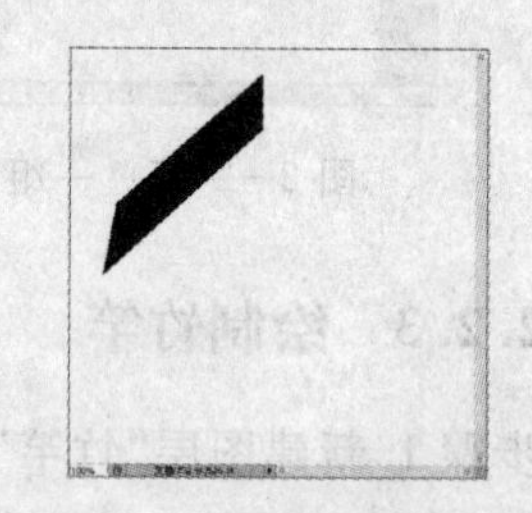

图 2-3-1 黑色屋顶形状

步骤 1. 创建一个大小为 500 像素×500 像素,前景色为黑色,背景为白色的图像文件。新建图层,命名为“屋顶”。使用钢笔工具绘制出如图 2-3-1 所示的一个屋顶形状,并填充为黑色。

步骤 2. 双击“屋顶”图层,打开“图层样式”对话框,参数设置如图2-3-2和图 2-3-3 所示。

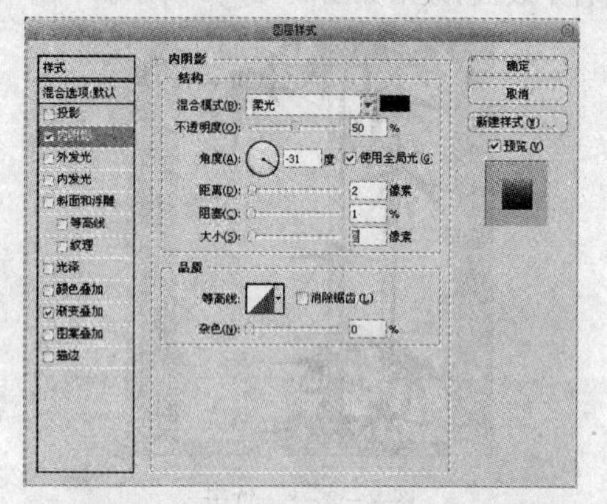

图 2-3-2 内阴影“图层样式”对话框

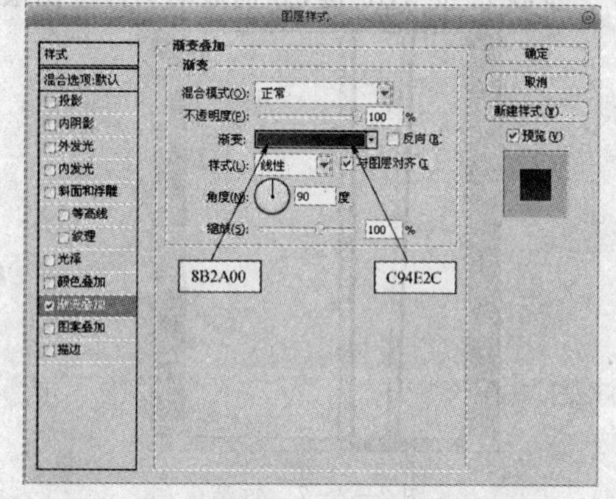

图 2-3-3 渐变叠加“图层样式”对话框

图 2-3-4 屋顶效果

步骤 3. 按“Alt”键,复制“屋顶”图层。选中“屋顶副本”图层,在菜单栏中选择“编辑”|“变换”|“水平翻转”命令,把两个部分对接起来,效果如图 2-3-4 所示。

步骤 4. 双击“屋顶副本”图层,打开“图层样式”对话框,参数设置如图 2-3-5 和图 2-3-6 所示。

步骤 5. 新建图层,命名为“屋顶左”,设置前景色为 830F00,使用钢笔工具绘制一个窄的梯形,如图 2-3-7 所示。

步骤 6. 复制“屋顶左”图层,命名为“屋顶右”。在菜单栏中选择“编辑”|“变换”|“水平翻转”命令,与“屋顶左”图形拼接起来,如图 2-3-8 所示。

步骤 7. 在背景图层上面新建一个图层,命名为“墙体”,用钢笔工具绘制出如图 2-3-9 所示的路径,并填充为黑色。

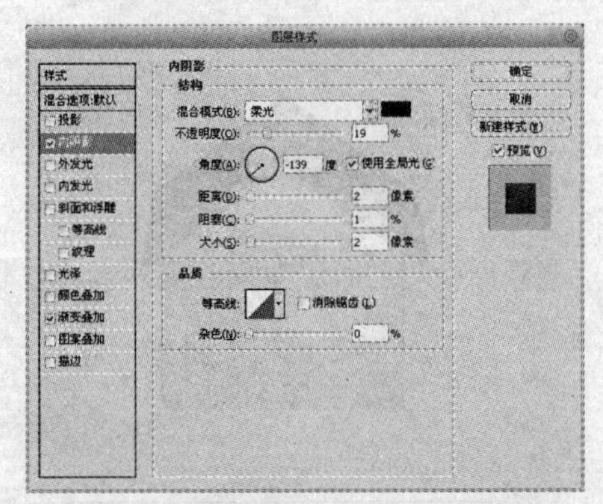

图 2-3-5　内阴影"图层样式"对话框

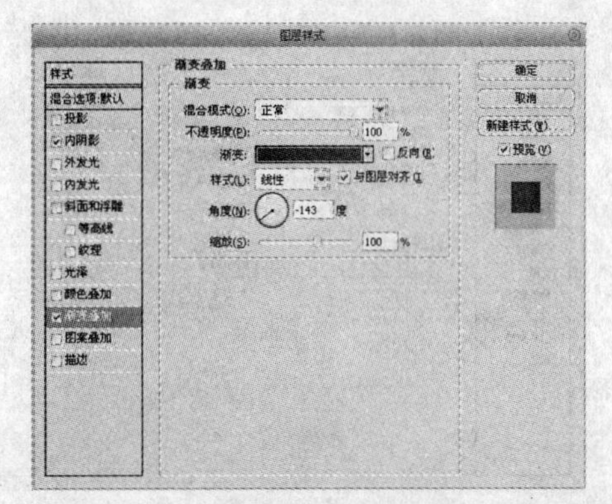

图 2-3-6　渐变叠加"图层样式"对话框

图 2-3-7　屋顶左

图 2-3-8　屋顶

图 2-3-9　墙体

步骤 8. 双击"墙体"图层，打开"图层样式"对话框，参数设置如图 2-3-10 和图 2-3-12 所示，效果如图 2-3-13 所示。

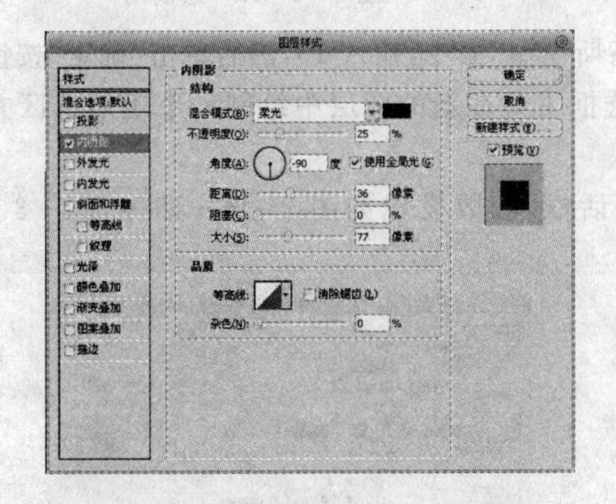

图 2-3-10　内阴影"图层样式"对话框

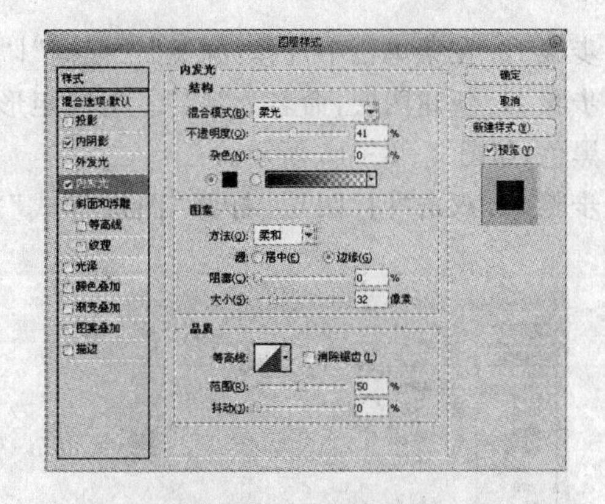

图 2-3-11　内发光"图层样式"对话框

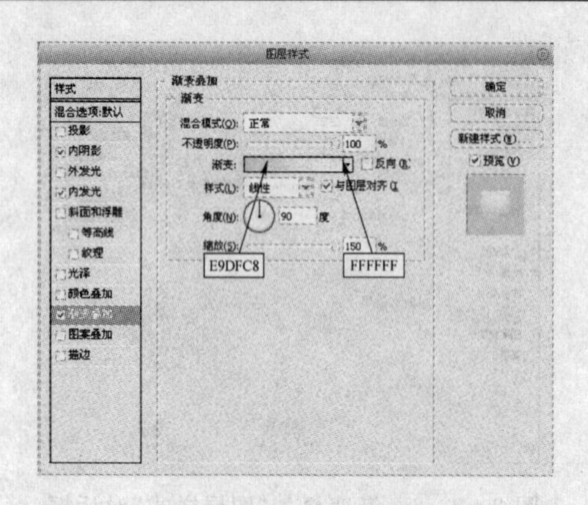

图 2-3-12　渐变叠加“图层样式”对话框

图 2-3-13　局部效果图

步骤 9. 为屋顶加上影子。选中“屋顶左”和“屋顶右”图层，按“Ctrl”+“E”快捷键合并图层。复制该图层，并命名为“屋顶影子”，在新的图层中设置填充颜色为 5F5343，效果如图 2-3-14 所示。

图 2-3-14　屋顶影子

图 2-3-15　绘制门

步骤 10. 在菜单栏中选择“滤镜”|“模糊”|“高斯模糊”命令，输入 10，然后单击“确定”按钮。

步骤 11. 新建图层，命名为“门”。使用矩形选框工具在新的图层中绘制一个矩形选区并填充为黑色，如图 2-3-15 所示。

步骤 12. 双击“门”图层，打开“图层样式”对话框，参数设置如图 2-3-16～图2-3-18 所示。

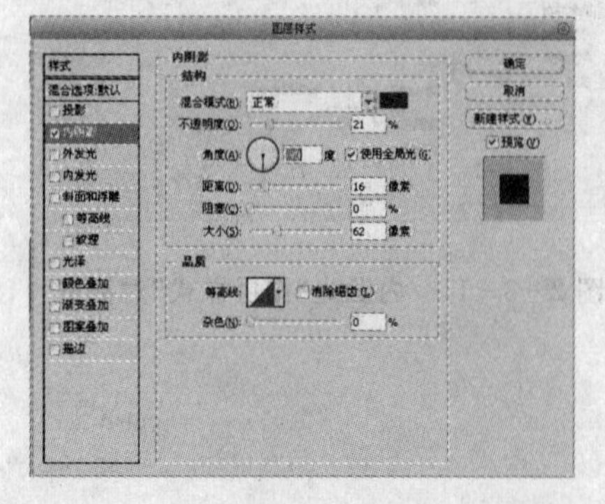

图 2-3-16　内阴影“图层样式”对话框

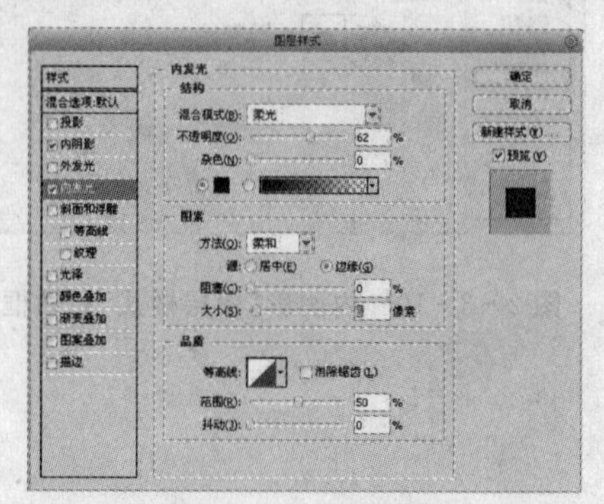

图 2-3-17　内发光“图层样式”对话框

步骤 13. 选择圆角矩形工具，在属性栏上设置半径为 3 像素，绘制黑色矩形，如图 2-3-19 所示。图层样式设置，如图 2-3-20～图 2-3-23 所示。

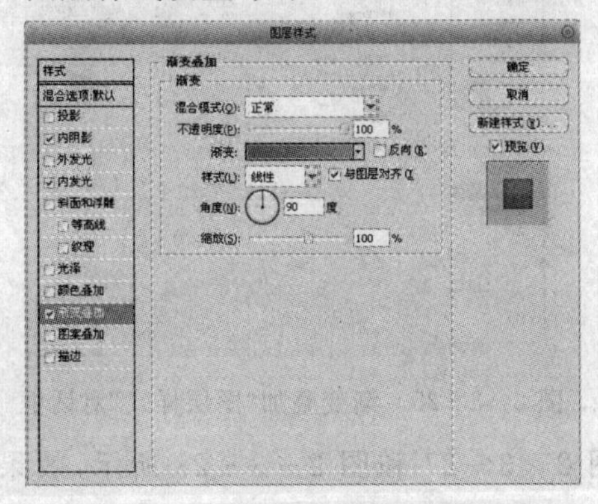

图 2-3-18　渐变叠加“图层样式”对话框

图 2-3-19　绘制黑色矩形

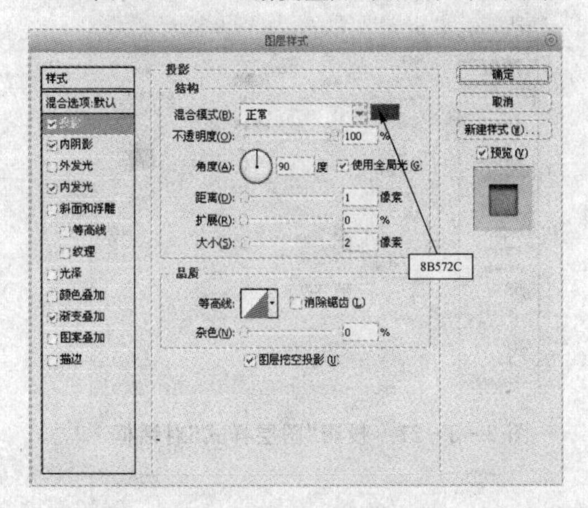

图 2-3-20　投影“图层样式”对话框

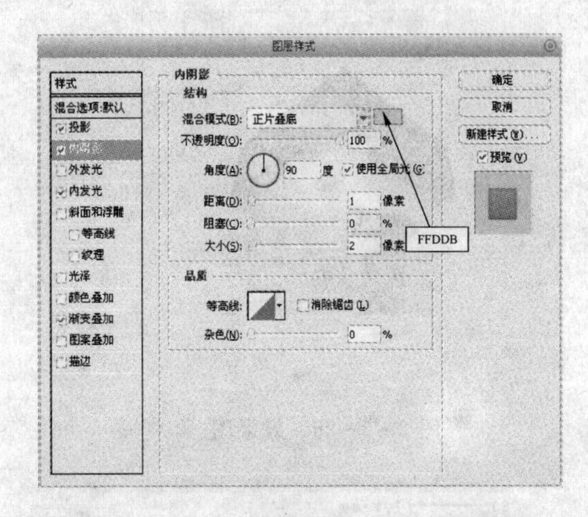

图 2-3-21　内阴影“图层样式”对话框

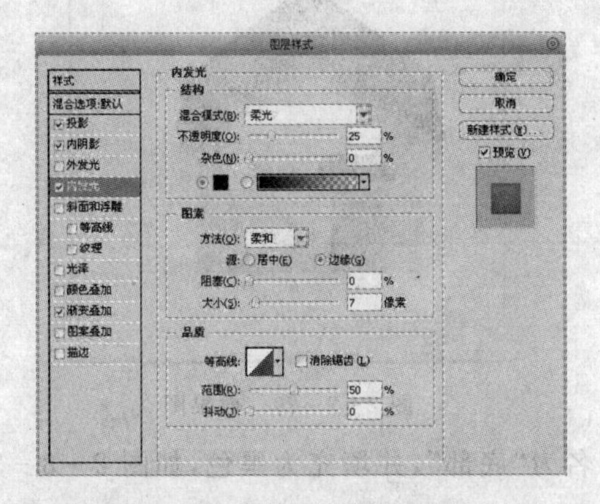

图 2-3-22　内发光“图层样式”对话框

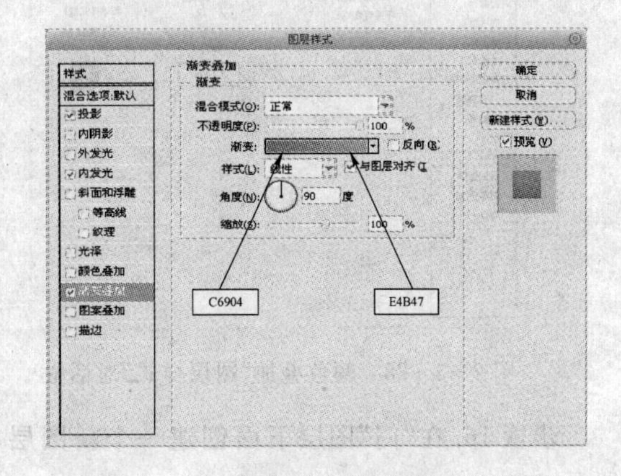

图 2-3-23　渐变叠加“图层样式”对话框

步骤 14. 新建图层“门顶”，使用钢笔工具绘制一个如图 2-3-24 所示的形状。设置图层样式如图 2-3-25 所示，效果如图 2-3-26 所示。

图 2-3-24　绘制黑色矩形

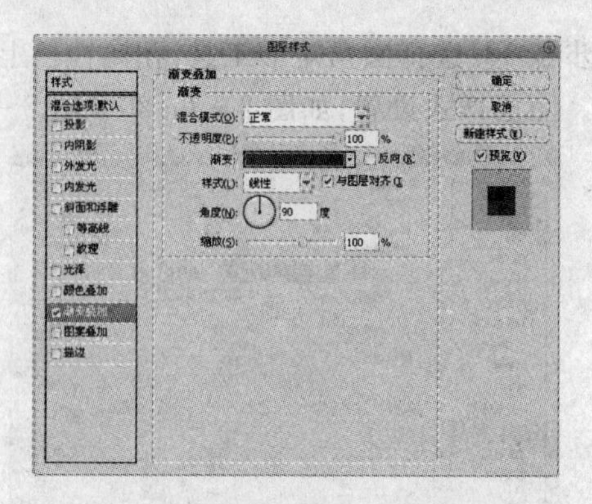

图 2-3-25　渐变叠加"图层样式"对话框

步骤 15. 为该图层设置投影及颜色叠加，如图 2-3-27 和图 2-3-28 所示，效果如图 2-3-29所示。

图 2-3-26　效果图

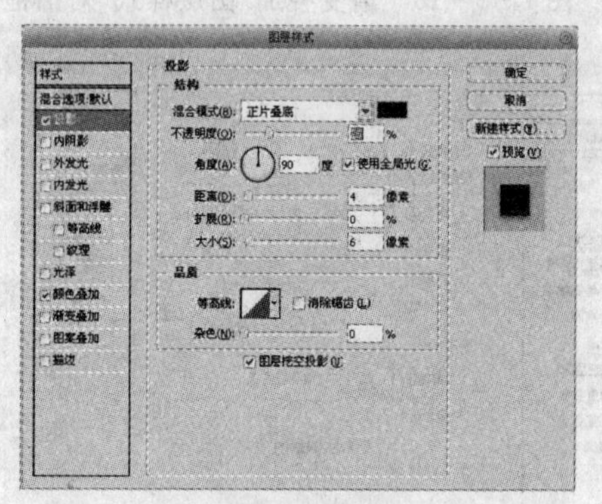

图 2-3-27　投影"图层样式"对话框

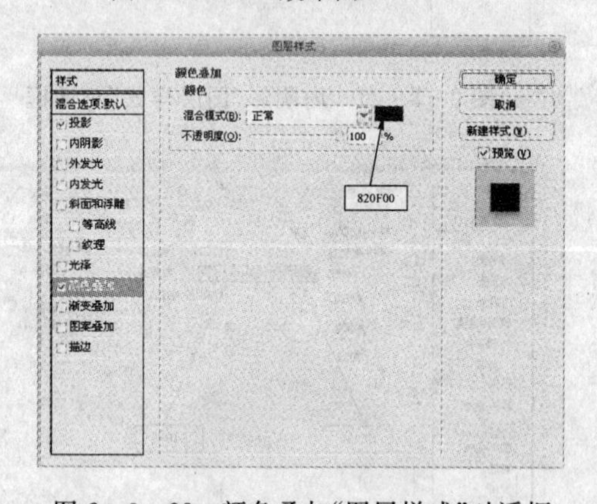

图 2-3-28　颜色叠加"图层样式"对话框

图 2-3-29　效果图

步骤 16. 在"门"图层下面创建一个新图层，命名为"底部"，并填充为黑色，如图 2-3-30 所示。

步骤 17. 对黑色边沿设置渐变叠加，设置如图 2-3-31 所示。

图 2-3-30　绘制黑色边沿

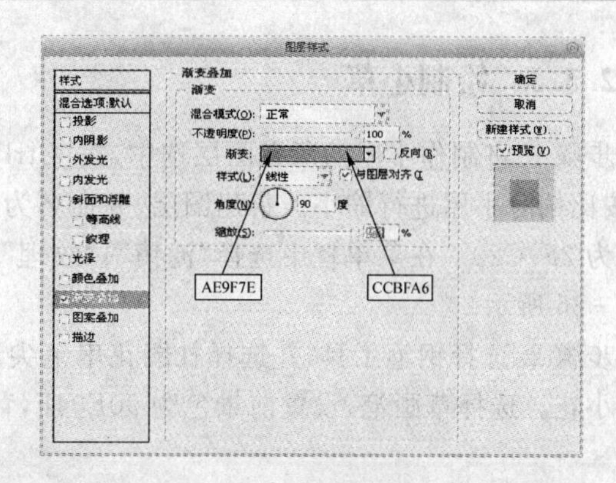

图 2-3-31　渐变叠加“图层样式”对话框

步骤 18. 新建图层，命名为“平地”，使用钢笔工具绘制如图 2-3-32 所示的图形，并填充为黑色。

步骤 19. 给“平地”加上渐变叠加，设置如图 2-3-33 所示，效果如图 2-3-34 所示。

图 2-3-32　绘制平地

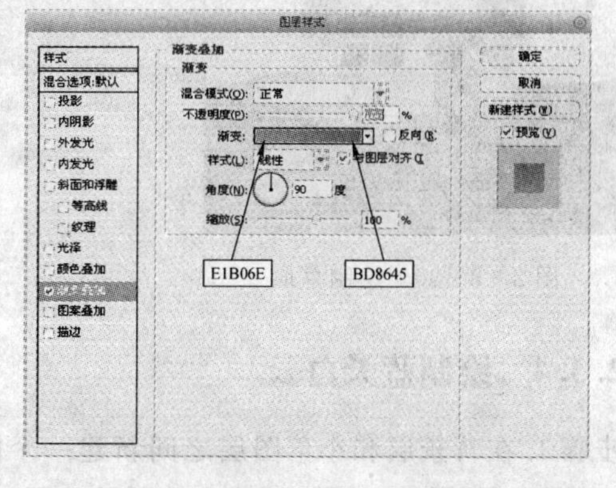

图 2-3-33　渐变叠加“图层样式”对话框

步骤 20. 新建图层，命名为“窗户”，使用矩形选框工具绘制一个矩形选区，并填充为黑色。再用矩形选框工具绘制两个细长的矩形选区，并填充为白色，用于分割黑色矩形方框，效果如图 2-3-35 所示。

图 2-3-34　效果图

图 2-3-35　绘制窗户

2.3.3 绘制小草

步骤 1. 将制作小屋的所有图层选中，按“Ctrl”+“E”快捷键合并图层；再按“Ctrl”+“T”快捷键，按比例对小屋进行缩小。新建图层，并命名为“小草”，使用钢笔工具绘制一块小草地，前景色设置为 2F7C20。在菜单栏中选择“滤镜”|“纹理”|“颗粒”命令，选择“胶片颗粒”选项，效果如图 2-3-36 所示。

步骤 2. 选择钢笔工具，并选择杜鹃花串笔尖形状，设置前景色分别为 D179D9 和 EDF42D，绘制小花。选择草画笔，设置前景色为 90E04F，背景色为 145D0E，绘制小草，效果如图2-3-37 所示。

图 2-3-36 绘制草地

图 2-3-37 效果图

2.3.4 绘制蓝天白云

步骤 1. 在背景层和小草图层之间新建一个图层，命名为“天空”。选择油漆桶工具，在属性栏中选择“云彩”图案，如图 2-3-38 所示。用“云彩”图案填充“天空”图层。

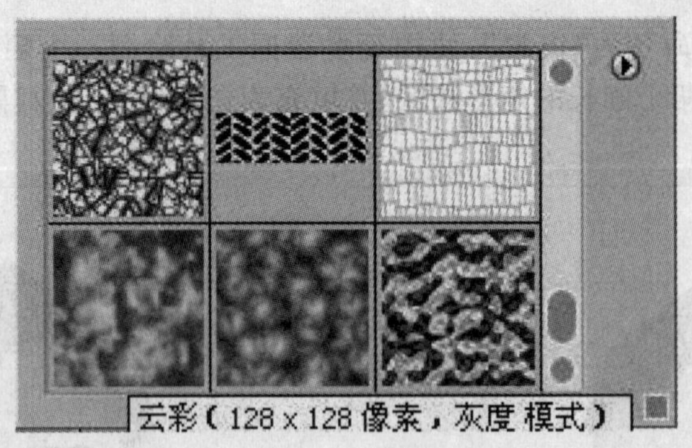

图 2-3-38 设置油漆桶填充图案

步骤 2. 在“天空”图层的上面单击按钮，选择“色相/饱和度”命令调整图层，如图 2-3-39 所示，创建一个调整图层。

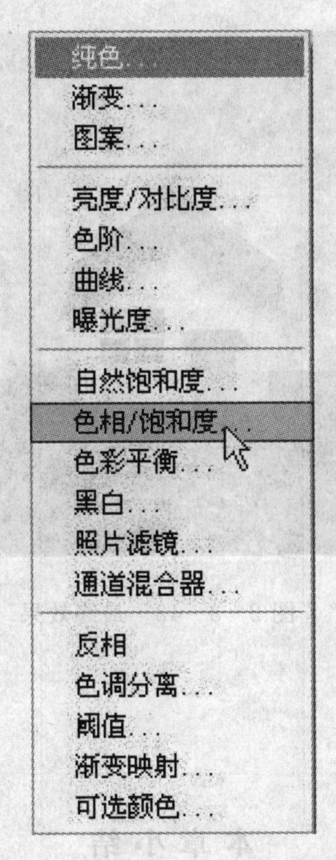

图 2-3-39　创建色相/饱和度调整图层

步骤 3. 设置色相/饱和度参数如图 2-3-40 所示。

步骤 4. 蓝天白云小屋效果如图 2-3-41 所示。

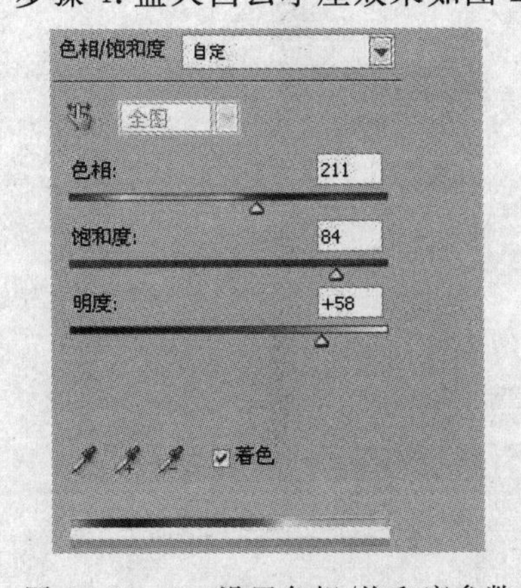

图 2-3-40　设置色相/饱和度参数

图 2-3-41　效果图

2.3.5　绘制小路

新建图层并命名为“小路”，使用钢笔工具绘制一条小路。选择油漆桶工具，选中属性栏中的褶皱图案对该图层进行填充，颜色设置为浅灰色，并在“图层样式”对话框中设置纹理，最终效果如图 2-3-42 所示。

图2-3-42 最终效果

小结与练习

本章小结

本章主要训练Photoshop CS4的绘画工具的使用。正确运用绘画工具，能帮助制作出更好的图像作品。

练 习

1. 绘制一幅水墨荷花。
2. 运用画笔工具绘制一片竹园。

第3章 照片处理

本章介绍 Photoshop CS4“图像”菜单下常用的色相/饱和度、替换颜色等调色方法，也可以用调整图层等其他色彩调整方法来实现调色。

3.1 关于广告摄影

广告业与摄影技术的不断发展促成两者的结合，并诞生了由它们整合而成的边缘学科——广告摄影。摄影是广告传媒中最常用的技术手段之一，它能够真实、生动地再现宣传对象，完美地传达信息，具有很高的适应性和灵活性。

1. 商品广告的创意与表现

商品广告是广告摄影最主要的服务对象。商品广告的创意主要包括主体表现法、环境陪衬式表现法、情节式表现法、组合排列式表现法、反常态表现法和间接表现法。

主体表现法着重刻画商品的主体形象，一般不附带陪衬物和复杂的背景；环境陪衬式表现法则把商品放置在一定的环境中，或采用适当的陪衬物来烘托主体对象；情节式表现法通过故事情节来突出商品的主体；组合排列式表现法是将同一商品或一组商品在画面上按照一定的组合排列形式出现；反常态表现法通过令人震惊的奇妙形象，使人产生对广告的关注；间接表现法则间接、含蓄地表现商品的功能和优点。

2. 广告摄影与计算机特效

摄影是一门瞬间的艺术。在一定的时间、空间内拍摄的对象，难免留下光线、色彩和构图等方面的缺憾。虽然在暗房里可以制作出美妙的蒙太奇组合效果，但是传统的暗房会受到许多摄影技术条件的限制和影响，无法制作出完美的影像。计算机的出现给摄影技术带来了革命性的突破，通过计算机可以完成过去无法用摄影技法实现的广告创意，广告摄影的后期制作也变得更为快捷，并可以节省大笔的拍摄费用。

3.2 图像调整案例:汽车颜色调整

3.2.1 案例说明

本案例通过对同一款汽车颜色的改变，介绍了“替换颜色”、“色相饱和度”等命令的使用方法，通过本案例可以了解改变图像颜色的多种方法。汽车颜色调整效果如图 3-2-1 所示。

图 3-2-1　汽车颜色调整效果图

3.2.2　调整颜色

图 3-2-2　汽车图片素材

步骤 1. 在菜单栏中选择“文件”|“打开”命令，打开如图 3-2-2 所示的素材图片。

步骤 2. 为了不破坏原图，可将原始图片的背景图层进行复制。选中“背景”图层，单击“图层”面板中的“创建新图层”按钮，创建一个新的图层“背景副本”，如图 3-2-3 所示。在菜单栏中选择“图像”|“调整”|“替换颜色”命令，如图 3-2-4 所示操作。

图 3-2-3　复制图层

图 3-2-4　替换颜色

步骤 3. 在弹出的如图 3-2-5 所示的“替换颜色”对话框中，单击“吸管工具”图标，在要改变车身颜色的部位单击，车身颜色区域会变成白色，如图 3-2-6 所示，修改颜色容差，调整“色相”、“饱和度”和“明度”，以达到理想效果，最终效果如图 3-2-7 所示。

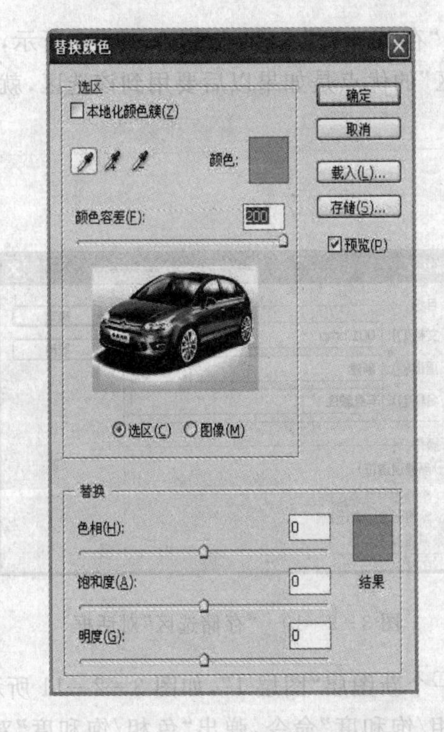

图 3-2-5　“替换颜色”对话框

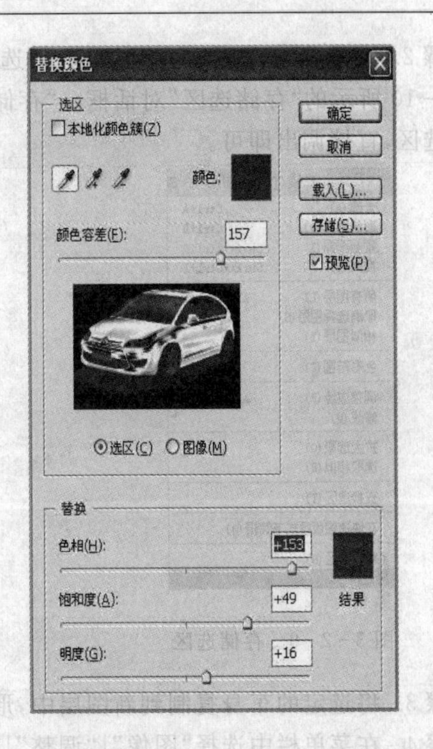

图 3-2-6　设置“替换颜色”对话框

图 3-2-7　最终效果

替换车身颜色还可以通过下述方法实现。

步骤 1. 用选择工具选中要更改颜色的车身区域(可以用魔棒工具或套索工具进行选择)，如图 3-2-8 所示。

图 3-2-8　车身颜色选区

步骤 2. 选区建立后，在菜单栏中选择“选择”|“存储选区”命令，如图 3-2-9 所示，弹出如图 3-2-10 所示的“存储选区”对话框。“存储选区”的优点是如果以后要用到该选区，就不必重新建立选区，直接调出即可。

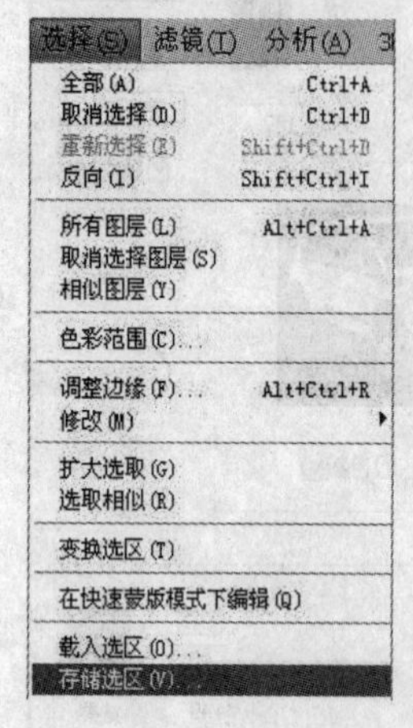

图 3-2-9 存储选区

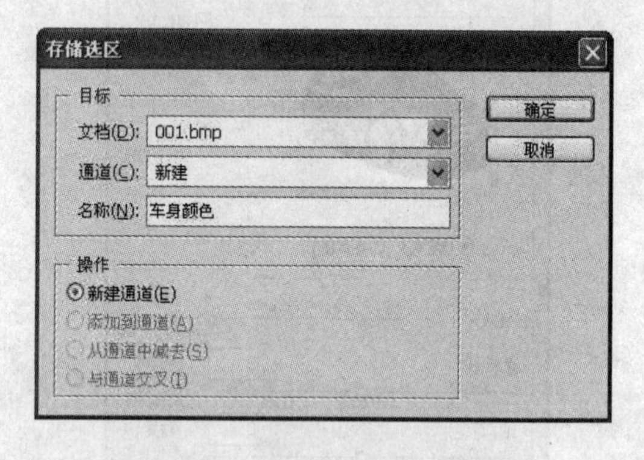

图 3-2-10 “存储选区”对话框

步骤 3. 将选定的车身复制到新图层中，形成一个新图层“图层 1”，如图 3-2-11 所示。

步骤 4. 在菜单栏中选择“图像”|“调整”|“色相/饱和度”命令，弹出“色相/饱和度”对话框，如图 3-2-12 所示。调整“色相”、“饱和度”和“明度”到合适值，最终效果如图 3-2-13 所示。

图 3-2-11 复制选区到新图层

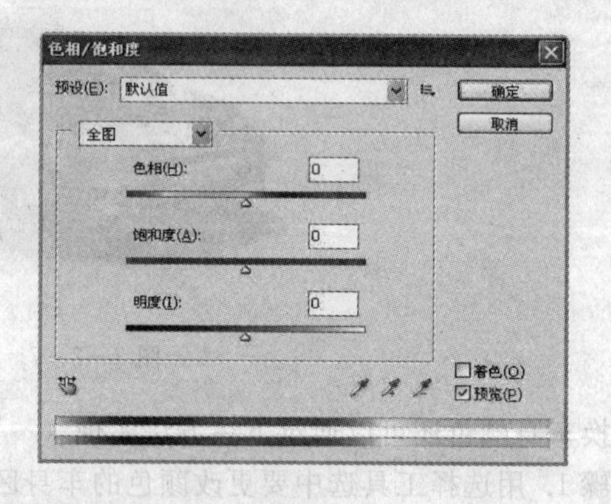

图 3-2-12 “色相/饱和度”对话框

图 3-2-13 最终效果

3.3 照片处理案例:黑白照片上色

3.3.1 案例说明

本案例通过将黑白人物照片调整为彩色照片,重点介绍“色相/饱和度”调整图层的用法及使用技巧。调整颜色后的照片效果如图 3-3-1 所示。

图 3-3-1 黑白照片上色效果图

3.3.2 用调整图层修改图像颜色

调整图层不会修改图像的像素,它像一层透明薄膜,下层图像可透过它显示出来。调整图层会影响它下面的所有图层,这意味着可以通过单个调整图层校正多个图层,而不用分别对每个图层进行调整。

单击“图层”面板底部的“创建新的填充或调整图层”图标,弹出如图 3-3-2 所示的菜单,选择要创建的图层类型。也可以在菜单栏中选择“图层”|“新建调整图层”命令,选择图层类型,如图 3-3-3 所示。

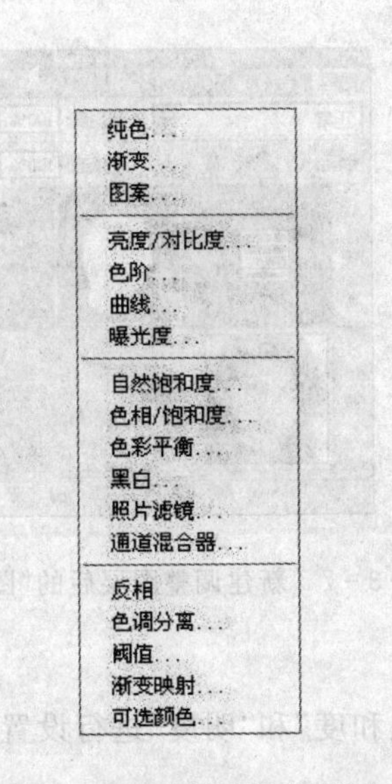

图 3-3-2 创建调整图层

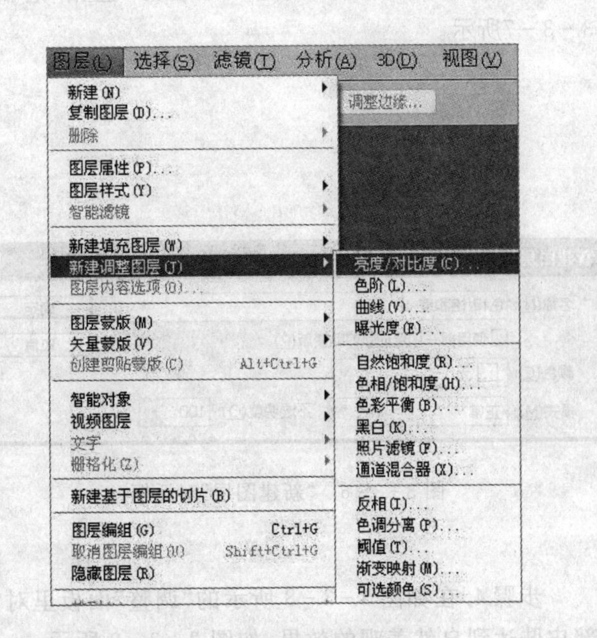

图 3-3-3 新建调整图层

用“调整图层”给照片上色的最大优点就是不对原图做任何改动,当需要对其中的某一部分进行调整时会很方便。可以通过改变笔刷的大小和压力对图像进行精细调整,并且随心所欲地添加效果。

步骤1.在菜单栏中选择“文件”|“打开”命令，打开如图3-3-4所示的素材图片。

步骤2.用魔棒工具选取面部皮肤部分，如图3-3-5所示。

图3-3-4　素材图片

图3-3-5　选择面部区域

步骤3.在菜单栏中选择“图层”|“新建调整图层”|“色相/饱和度”命令，弹出如图3-3-6所示的“新建图层”对话框，创建一个名为“色相/饱和度1”的调整图层，此时的“图层”面板如图3-3-7所示。

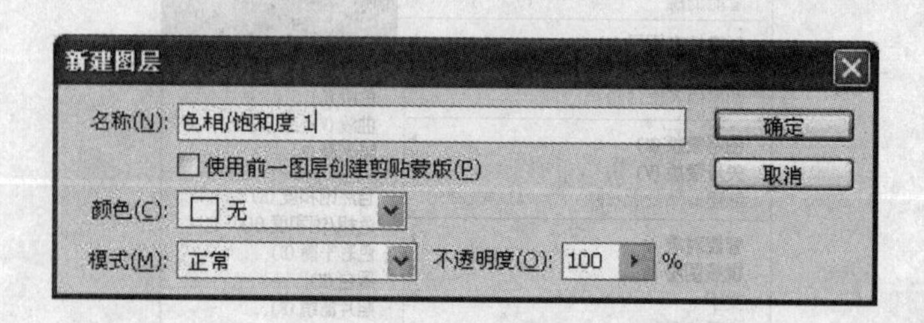

图3-3-6　“新建图层”对话框

图3-3-7　新建调整图层后的“图层”面板

步骤4.在如图3-3-8所示的“调整”面板里对“色相”、“饱和度”和“明度”进行设置，直到面部皮肤达到自然美观的效果，如图3-3-9所示。

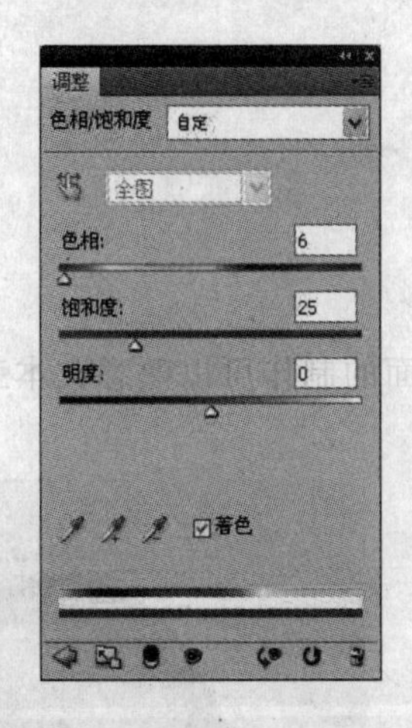

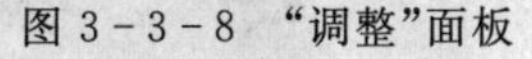
图 3-3-8 “调整”面板

图 3-3-9 调整皮肤色相/饱和度后的效果

步骤 5. 用同样的方法，选取衣服部分，建立选区，在菜单栏中选择“图层”|“新建调整图层”|“色相/饱和度”命令，创建另一个“色相/饱和度”调整图层，调整衣领颜色达到满意效果，如图 3-3-10 所示。

图 3-3-10 调整衣领颜色后的效果

步骤 6. 还是用同样方法，选取头发部分，建立选区，在菜单栏中选择“图层”|“新建调整图层”|“色相/饱和度”命令，创建另一个“色相/饱和度”调整图层，调整头发颜色达到满意效果，比如红色，最终效果如图 3-3-1 所示。

这里只讲述了建立“色相/饱和度”调整图层对图片选定区域进行色彩调整的方法，其实通过建立“亮度/对比度”、“自然饱和度”等调整图层也可以起到色彩调整的目的，这里不再赘述。

3.4 拓展案例:将照片制作成杂志封面

3.4.1 案例说明

本案例主要用到文本工具、图层样式等知识,通过杂志封面的制作可以熟悉文本工具的使用方法和技巧。

3.4.2 封面制作

步骤1.在菜单栏中选择“文件”|“新建”命令,在“新建”对话框中将图像的高度设置为285 mm,宽度设置为210 mm。然后在菜单栏中选择“文件”|“置入”命令,导入一张色彩、大小合适的照片,如图3-4-1所示。

步骤2.单击“工具箱”中的“横排文字工具”T,新建一个文字图层,输入杂志的名称,此时的“图层”面板如图3-4-2所示,效果如图3-4-3所示。

图3-4-1 素材照片

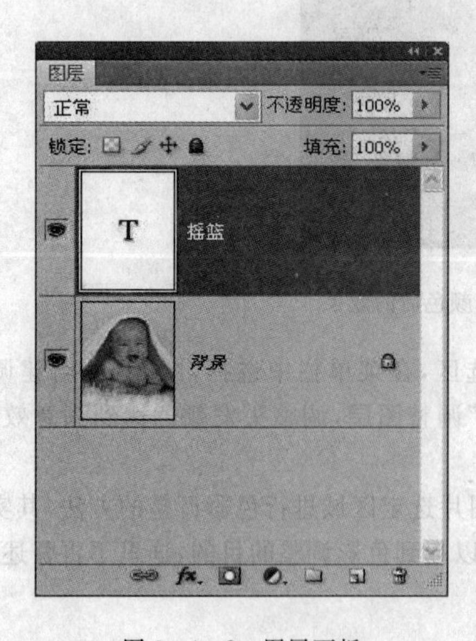

图3-4-2 图层面板

图3-4-3 效果图

步骤3.单击“横排文字工具”属性栏上的“切换字符和段落面板”按钮,切换到“字符”面板,设置字符属性如图3-4-4所示,以达到满意效果,如图3-4-5所示。

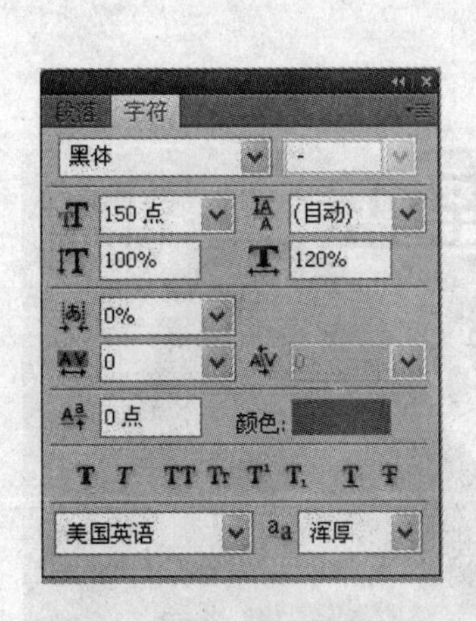

图 3-4-4　“字符”面板

图 3-4-5　设置字符属性后的效果

步骤 4. 如图 3-4-6 所示，在菜单栏中选择“图层”|“图层样式”|“描边”命令，弹出如图 3-4-7所示的描边“图层样式”对话框，将描边大小设置为 8 像素。

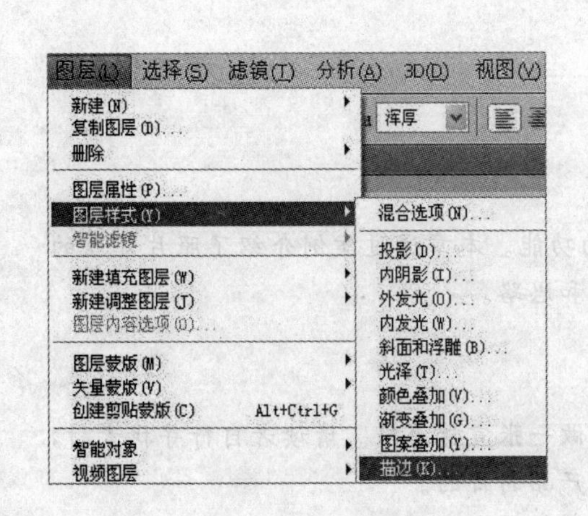

图 3-4-6　描边

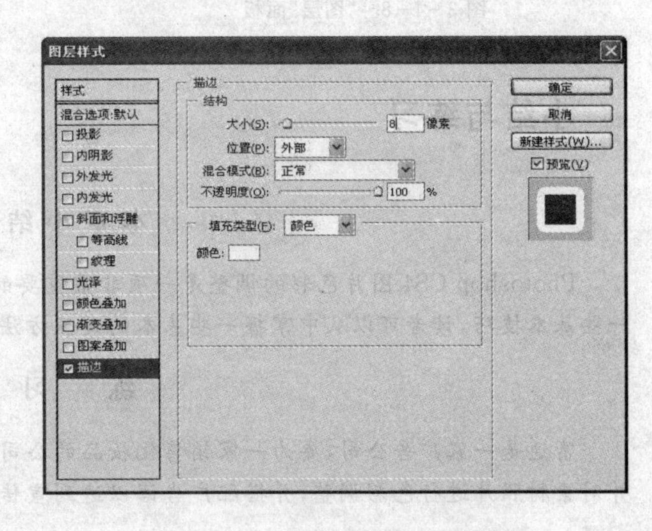

图 3-4-7　描边“图层样式”对话框

步骤 5. 用同样的方法，添加其他几个文字图层，按要求添加文字，设置文字图层样式，完成后的“图层”面板如图 3-4-8 所示，最终效果如图 3-4-9 所示。

图3-4-8　"图层"面板

图3-4-9　最终效果

小结与练习

本章小结

Photoshop CS4图片色彩的调整是一项非常重要的功能。本章通过案例介绍了照片处理的一些基本技巧,读者可以从中掌握一些基本的处理方法和思路。

练　　习

富通是一家广告公司,要为一家销售化妆品的公司做一张宣传海报。请读者自行寻找素材,并对素材照片进行色彩调整,并搭配广告语以达到宣传产品的目的。

第 4 章　平面广告设计

本章介绍了有关平面广告设计的基本知识，通过案例的学习，了解广告设计的基本方法和技巧。

4.1　关于平面广告

平面广告，从空间概念界定，泛指现有的以二维形态传达视觉信息的各种广告媒体的广告；从制作方式界定，可分为印刷类、非印刷类和光电类 3 种形态；从使用场所界定，又可分为户外、户内及可携带式 3 种形态；从设计的角度来看，它包含着文案、图形、线条、色彩、编排等要素。

1. 平面广告的分类

从整体上看，广告可以分为媒体广告和非媒体广告。

- 媒体广告指通过媒体来传播信息的广告，如电视广告、报纸广告、广播广告、杂志广告等。
- 非媒体广告指直接面对受众的广告媒介形式，如路牌广告、平面招贴广告、商业环境中的购物广告等。

按照广告性质，可划分为公益广告和商业广告。

- 公益广告主要是指保护环境、预防疾病等对全社会有意义且为大众所关心的广告。
- 商业广告是指传达企业形象、品牌信息、推销商品和服务等带有商业目的的广告。

平面广告设计在非媒体广告中占有重要的位置。

2. 平面广告的基本构图形式

平面广告主要包含以下几种构图形式。

- 标准型：标准型构图是将插图放置在版面的上端中位，或将标题放置在首位，先以插图或标题引起人们的兴趣，然后吸引受众阅读并了解广告的全部，视线会由上至下流动，具有一定的秩序感。
- 插图与文字左右型：将插图和文字放在画面的左右两侧，多用于报刊的广告中。
- 斜置型：斜置型构图是一种带有动感的构图形式，受众的视线会由倾斜的角度自上而下或自下而上产生流动。
- 直立型：直立型又称为竖分割型，文字和图形多采用竖直形式。
- 文字型：文字型构图以文字为主体，以图形为辅，或者全部采用文字构成画面，多采用表现抽象的、需要用文字说明的内容。
- 轴线型：轴线型构图包括中轴线型和不对称轴线型两种，中轴线型是以画面的中心为轴线，将广告要素居中排列的形式，不对称轴线型则是将广告要素排列在轴线一边的形式。
- 散点型：在散点型的构图中，广告要素分散，但整体效果统一、完整。

• “十”字形和X形:“十”字形和X形构图形式活泼,适合表现具有动感和激情的内容。

4.2 图层蒙版案例:实物鼠标绘制

4.2.1 案例说明

本案例主要使用图层蒙版、填充工具、路径工具等来绘制鼠标,重点介绍图层蒙版的使用方法和技巧,效果如图4-2-1所示。

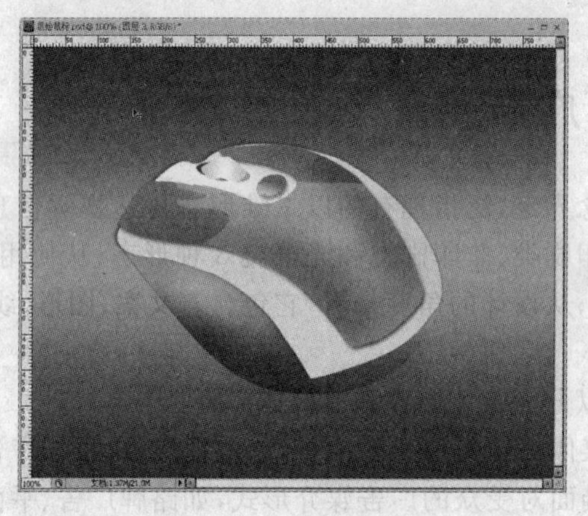

图4-2-1 鼠标效果图

4.2.2 用蒙版合成鼠标

步骤1.新建一幅图像,背景设置为白色,尺寸是800像素×600像素。

步骤2.新建一个图层,填充颜色为灰色,然后添加“图层蒙版”,对蒙版图层使用线性填充工具进行从上到下的渐变填充,渐变效果如图4-2-2所示。

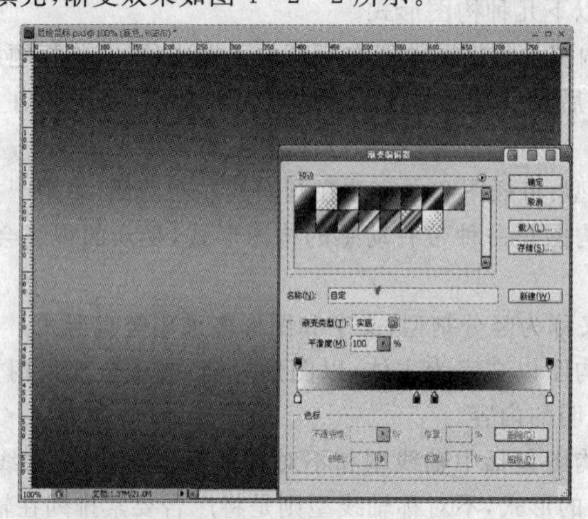

图4-2-2 渐变效果

步骤3.按“Ctrl”+“N”快捷键新建一个图层，用钢笔工具绘制白色区域的轮廓，并填充为白色，如图4-2-3所示。

图4-2-3　绘制鼠标轮廓

步骤4.新建一个图层，前景色依然设置为灰色。在新建图层上，选择画笔工具，模式设置为“正片叠底”，不透明度设置为22%，在白色区域上绘制明暗部，使之有立体感，注意不要刷到鼠标白色区域以外，效果如图4-2-4所示。

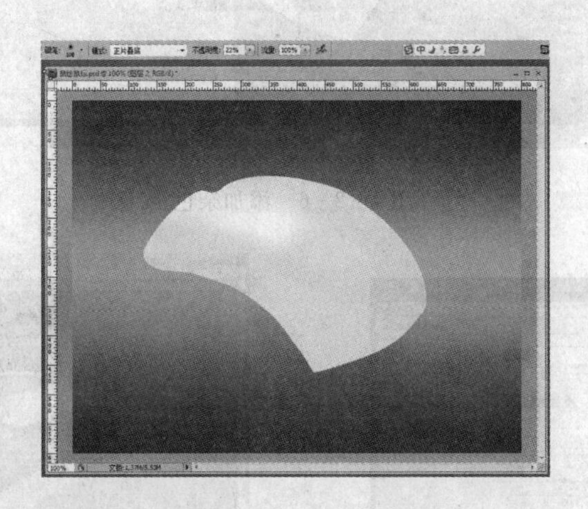

图4-2-4　正片叠底效果

步骤5.新建一个图层，用钢笔工具绘制黄色区域的轮廓，填充为土黄色(R:184,G:161,B:91)，效果如图4-2-5所示。

步骤6.适当添加杂色，这样会让鼠标黄色部分更有质感，如图4-2-6所示。注意在“添加杂色”对话框中选中“单色”，然后给黄色图层添加一个投影，投影设置如图4-2-7所示，效果如图4-2-8所示。

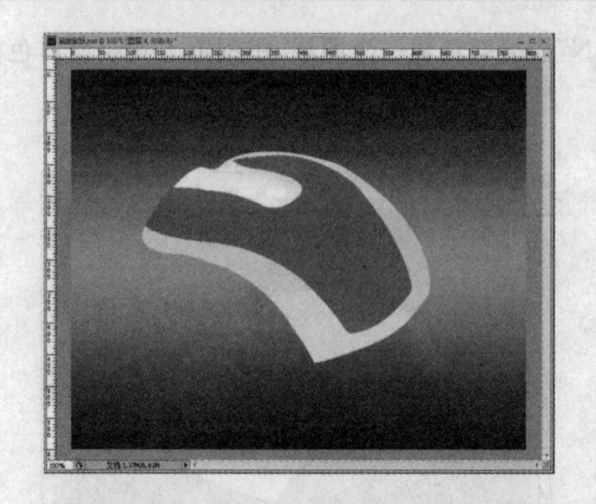

图 4-2-5 绘制黄色区域后的效果

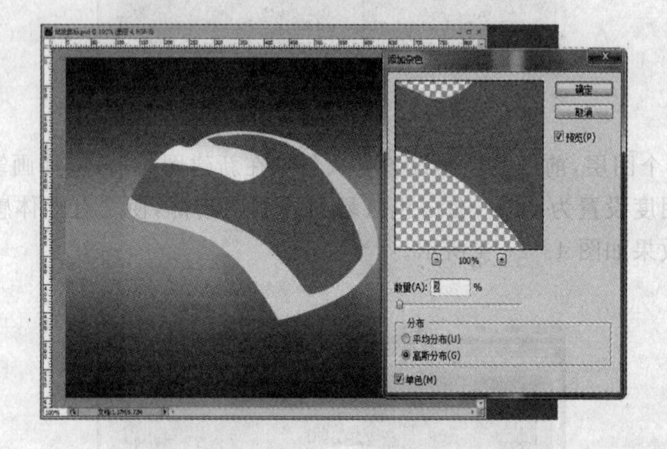

图 4-2-6 添加杂色

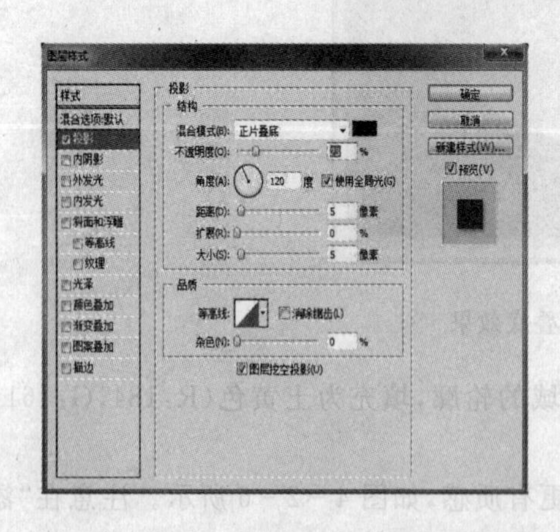

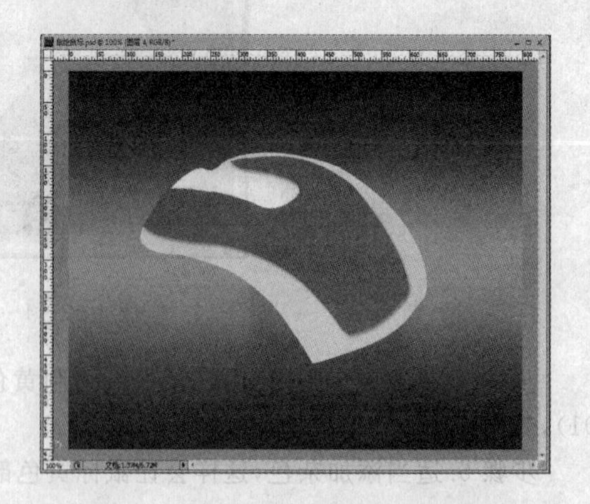

图 4-2-7 投影"图层样式"对话框

图 4-2-8 添加杂色、投影后的效果

步骤 7. 选择加深/减淡工具，绘制鼠标的明暗部，效果如图 4-2-9 所示。

步骤 8. 新建一个图层，用钢笔工具绘制出高光部分，并填充为白色，适当调整图层的不透明度。注意不同的高光部分，尽量单独用一个图层，以便于调整。无明显边界的部分，可以添加一个图层蒙版，在蒙版上绘制一个渐变，最终的高光效果如图 4-2-10 所示。

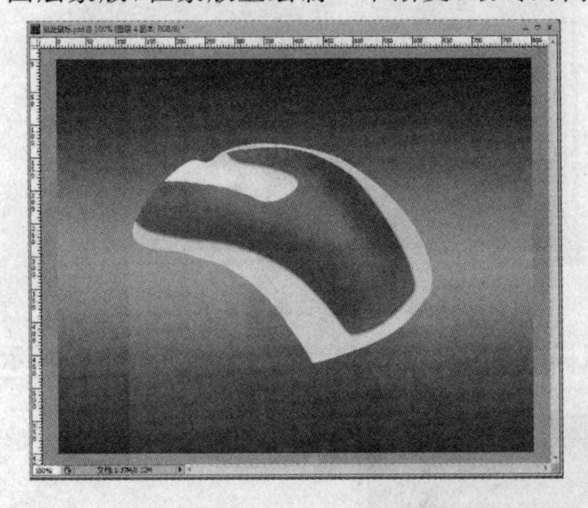

图 4-2-9　鼠标明暗效果

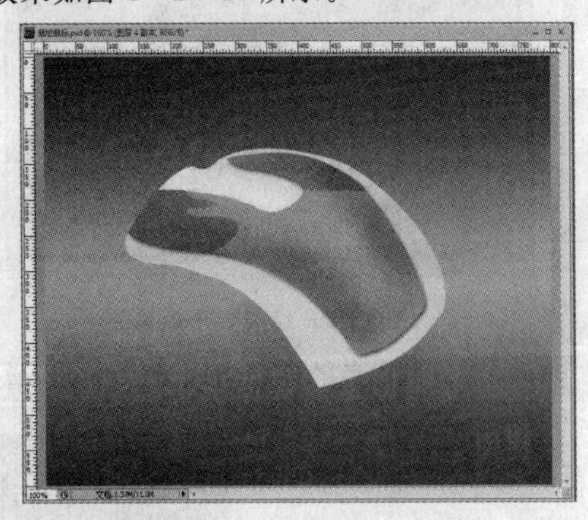

图 4-2-10　鼠标高光效果

步骤 9. 新建一个图层，在这个图层中绘制按钮部分。用椭圆工具绘制一个椭圆，并填充为灰色，然后使用加深/减淡工具绘制出明暗部分。为使立体效果明显，可调节按钮层阴影效果，效果如图 4-2-11 所示。

步骤 10. 绘制鼠标滚轮部分，可以用钢笔工具绘制路径，然后描边，也可以直接用画笔工具绘制几条弧线，效果如图 4-2-12 所示。

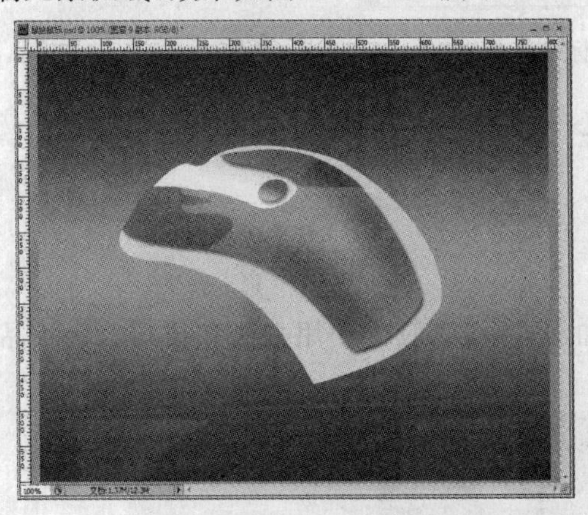

图 4-2-11　绘制按钮

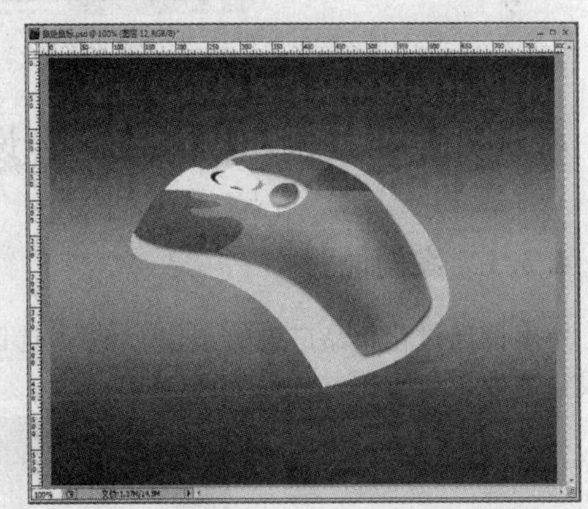

图 4-2-12　绘制滚轮

步骤 11. 滚轮部分，使用加深/减淡工具处理明暗关系，效果如图 4-2-13 所示。

步骤 12. 在“背景”图层和白色区域之间，新建一个图层，用钢笔工具绘制灰色区域的轮廓，并填充颜色。然后用加深/减淡工具绘制出高光和阴影部分，在使用减淡工具时范围选择高光，效果如图 4-2-14 所示。

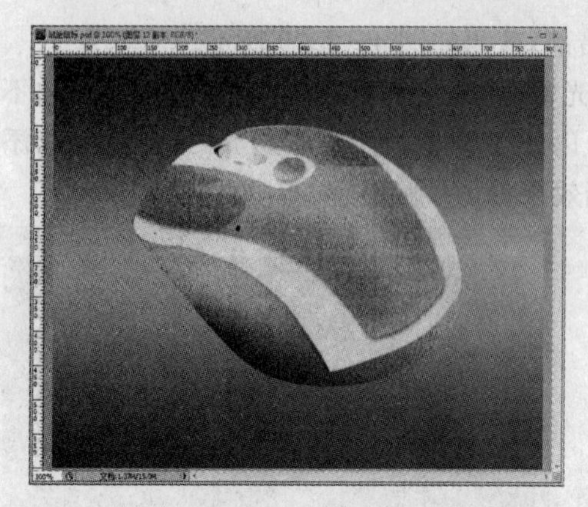

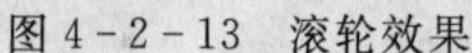

图 4-2-13 滚轮效果

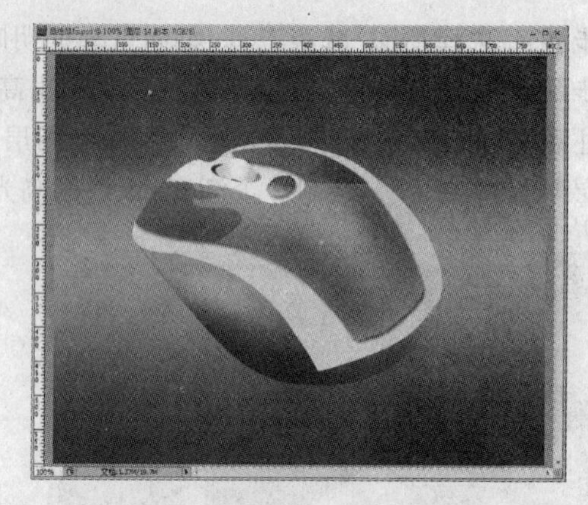

图 4-2-14 绘制鼠标底部

步骤 13.复制白色的部分,加上阴影效果,增强鼠标模块衔接效果,最终效果如图 4-2-15 所示。

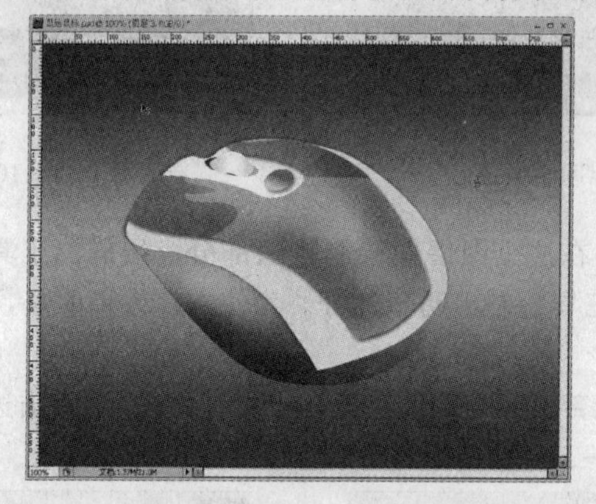

图 4-2-15 鼠标最终效果

4.3 拓展案例:化妆品广告设计

4.3.1 案例说明

本案例通过化妆品广告的制作,介绍了选区、加深/减淡工具的使用方法和技巧。化妆品广告设计的效果如图 4-3-1 所示。

图 4-3-1 化妆品广告效果图

4.3.2　化妆品广告的具体制作

步骤 1. 新建一个 A4 打印纸大小的图像文件，分辨率为 300 像素/英寸。

步骤 2. 新建一个图层"图层 1"。后面每画一个部位都需要新建一个图层，目的是方便以后修改。在"工具箱"中选择矩形工具，在其属性栏中单击"调整边缘"按钮 调整边缘...，弹出"调整边缘"对话框，如图 4-3-2 所示。"半径"控制矩形转角的圆滑程度，在此设置为 10 像素。绘制一个矩形，并填充为淡蓝色（R:166，G:202，B:240），不要取消选区，如图 4-3-3 所示。

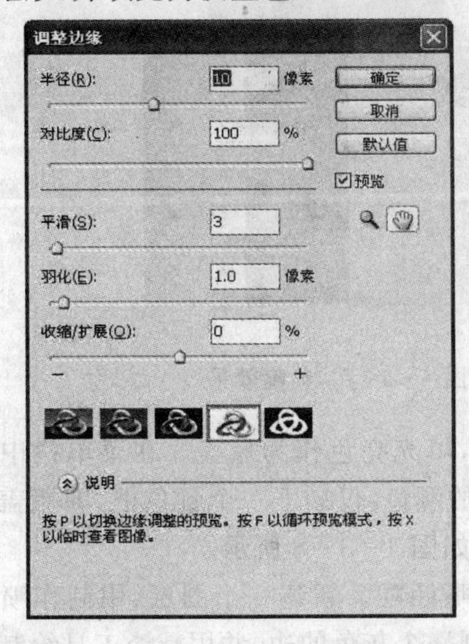

图 4-3-2　"调整边缘"对话框

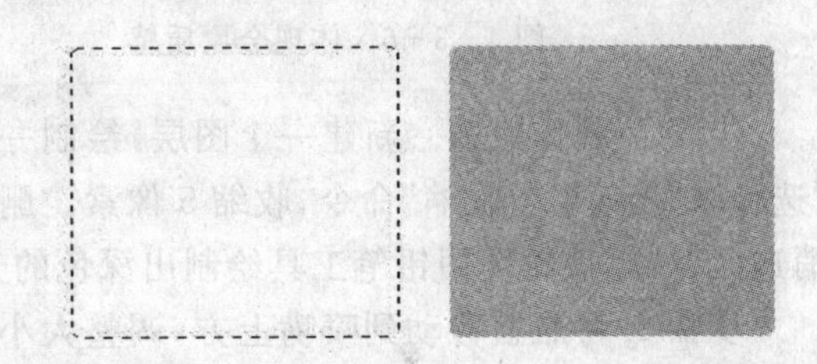

图 4-3-3　绘制矩形，并填充为淡蓝色

步骤 3. 复制刚才绘制矩形的图层，得到"图层 1 副本"图层。按"Ctrl"+"T"快捷键，将"图层 1 副本"图层中矩形的宽度调整为原尺寸的 1/3 左右，如图 4-3-4 所示。

步骤 4. 选中"图层 1 副本"图层，在菜单栏中选择"选择"|"修改"|"收缩"命令，使选区收缩 10 个像素左右，目的是让光影范围小于上下边缘。然后填充为深色，如黑色，如图 4-3-5 所示。

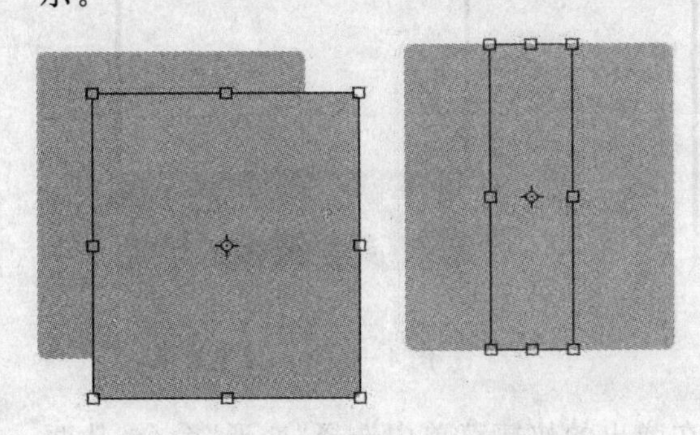

图 4-3-4　调整矩形宽度

图 4-3-5　填充深色

步骤 5. 用加深/减淡工具对"图层 1"中的矩形进行涂抹，降低"流量"和"透明度"，以便于边

涂抹边观察。对于多次使用加深工具效果不明显的地方可以直接用柔角画笔，注意调整“透明度”和“流量”。用加深/减淡工具涂抹时按住“Shift”键，这样就会在同一水平或垂直位置涂抹，不至于笔触凌乱，从而更好地体现类似金属的质感，如图 4-3-6 所示。

步骤 6. 将上述效果复制到新图层里并缩放，作为压力喷嘴的上部。注意调整大小，长度为原尺寸的 1/2 左右，宽度为原尺寸的 3/5 左右，如图 4-3-7 所示。这时压力喷嘴基本完成。

图 4-3-6　体现金属质感

图 4-3-7　喷嘴效果

步骤 7. 制作瓶盖。新建一个图层，绘制一矩形选区，填充亮色作为瓶盖。在菜单栏中选择“选择”|“修改”|“收缩”命令，收缩 5 像素。删除选区内的颜色，仅剩下一个颜色框，即瓶盖。取消选区，沿瓶盖轮廓用铅笔工具绘制出深色的光影，效果如图 4-3-8 所示。

步骤 8. 将瓶盖移动到喷嘴上方，调整大小使之与喷嘴匹配。新建一个图层，用制作喷嘴的方法制作出瓶颈，用画笔工具在瓶盖和瓶颈的结合处绘制一个灰色的边，并用减淡工具绘制出高光效果，如图 4-3-9 所示。

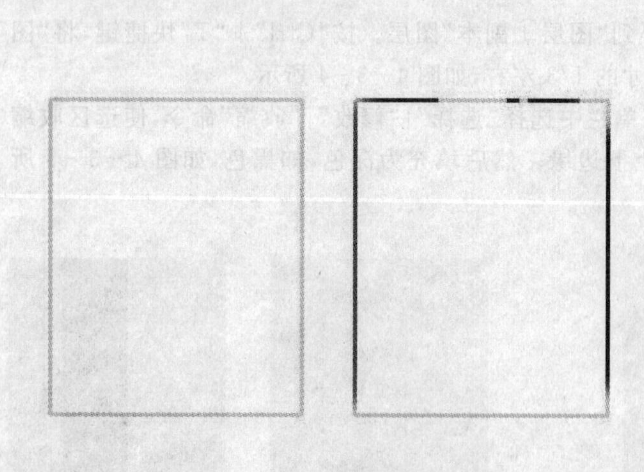

图 4-3-8　瓶盖光影效果

图 4-3-9　高光效果

步骤 9. 按“Ctrl”+“T”快捷键，在瓶盖上右击，在弹出的快捷菜单中选择“变形”命令，从两边向中间拖动，给瓶盖“收腰”，如图 4-3-10 所示。

步骤 10. 新建一个图层，还是用与前面制作喷嘴、瓶颈相同的方法制作瓶身上部。按“Ctrl”+“T”快捷键，在瓶身上部右击，在弹出的快捷菜单中选择“变形”命令，从两边向中间拖动，做成上小下大的梯形。选中瓶盖以下的所有图层，同时进行等比例缩放，放入刚做好的瓶盖中，效果如图 4－3－11所示。

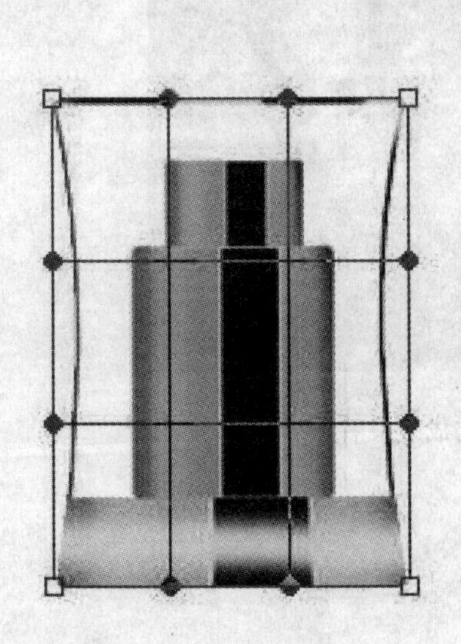

图 4－3－10　瓶盖变形效果　　图 4－3－11　盖上瓶盖后的效果

步骤 11. 制作瓶身。新建一个图层，用矩形工具绘制瓶身外框，并填充为蓝灰色。按“Shift”键，用加深/减淡工具绘制出瓶身的立体感，用减淡工具在瓶身底部涂抹，在靠近瓶颈的地方多涂抹几次。把瓶身绘制成上大下小的梯形，用变形工具给瓶底绘制出弧形，效果如图 4－3－12 所示。

步骤 12. 新建一个图层，在瓶身加入文字，效果如图 4－3－13 所示。

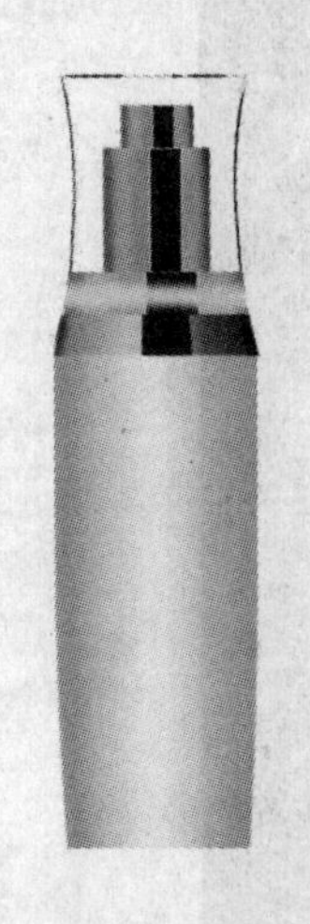

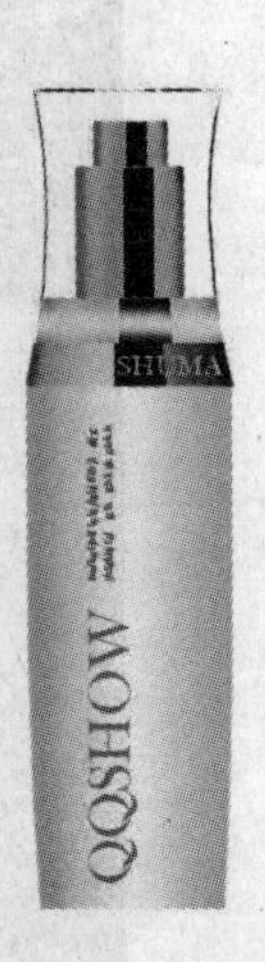

图 4－3－12　瓶身效果　　图 4－3－13　瓶身文字效果

步骤 13. 瓶子制作完后，可以复制多个，按不同角度倾斜摆放，然后加上事先处理好的色调统一的背景图片，最终效果如图 4－3－14 所示。

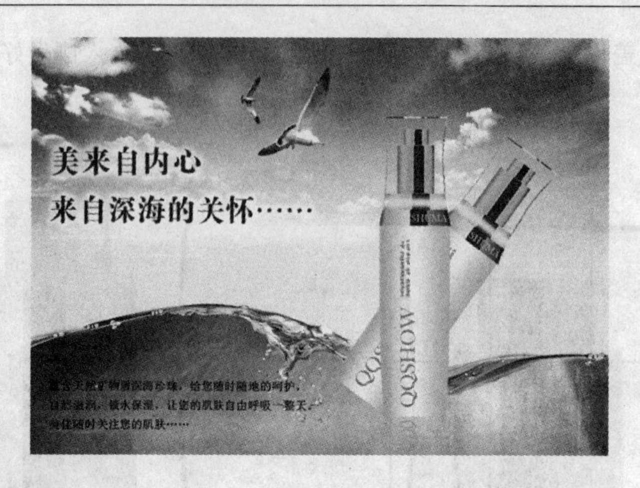

图 4-3-14 完成效果图

小结与练习

本章小结

通过本章的学习，了解有关平面广告设计的基本知识、基本原则。通过案例的学习，为以后的广告设计打下了一定的基础。

练　习

利用图层蒙版工具设计制作如图 4-1 所示的广告。

图 4-1 广告案例

第 5 章　书籍装帧设计

本章利用文字工具及其他相关工具,进行手提袋、书籍等的包装设计。

5.1　关于书籍装帧设计

书籍装帧设计是指书籍的整体设计,它包含很多的内容,其中封面、扉页和插图是书籍装帧的 3 大主体要素。

1. 封面

封面是书籍的外衣,它具有保护和宣传书籍的双重作用。一本书籍封面包括封一、书脊、封底等部分,如图 5-1-1 所示。在精装书中还有硬纸板做的内封皮。

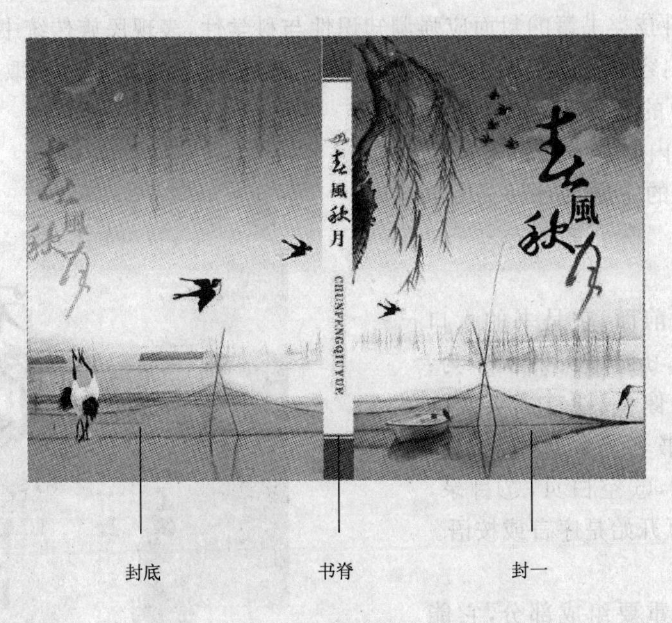

图 5-1-1　书籍封面

封面设计浓缩了大量的表现性符号,体现了设计者对书籍的深刻理解。一个好的封面能够准确地传达书籍的主题思想,影响读者的阅读和购买行为。封面设计的表现方法大致可分为写实性表现法、装饰性表现法、象征性表现法、抽象性表现法和抽象与具象结合式表现法几种。例如,图 5-1-2 所示为装饰性表现法的封面,图 5-1-3 所示为抽象性表现法的封面。

图5-1-2 装饰性表现法

图5-1-3 抽象性表现法

一般情况下，科技类书籍的封面应强调知识性与科学性，表现民族传统书籍的封面应体现民族特色，涉及国外内容书籍的封面应传达出异国情调，艺术类书籍的封面取材广泛、构思自由。设计者可将原书中的图像用在封面上，也可以根据书籍的内容和风格创造典型的意象来表现书籍的主题，如图5-1-4所示。

2. 扉页

扉页位于正文前面，它是书的入口和序曲。按照阅读习惯扉页的次序为：①护页，②空白页、像页、卷首插页或丛书名，③正扉页（书名页），④版权页，⑤赠献、题词、感谢，⑥空白页，⑦目录，⑧空白页，从第9页开始是序言或按语。

3. 插图

插图是书籍的重要组成部分，它能够反映书籍的内在精神，加深读者对书籍内容的理解，增强作品的感染力，使人获得艺术的享受。此外，插图还能够起到美化书籍的装饰作用。

图5-1-4 意象表现法

5.2　路径文字案例:手提袋设计

5.2.1　案例说明

本案例主要使用文字工具、形状工具等设计制作手提袋,重点介绍了文字工具的使用方法和技巧。手提袋最终效果如图 5-2-1 所示。

图 5-2-1　手提袋最终效果图

5.2.2　制作手提袋正面

步骤 1. 打开素材文件,如图 5-2-2 所示。

图 5-2-2　素材文件

步骤2.新建图层，命名为“手提环”，并设置前景色如图5-2-3所示。选择“自定形状工具”，在属性栏中单击按钮，打开“形状”下拉菜单，单击右上角的按钮，从菜单中选择“形状”命令，加载该形状库。选择形状库中的窄边圆形边框，绘制出手提圆环，如图5-2-4所示。

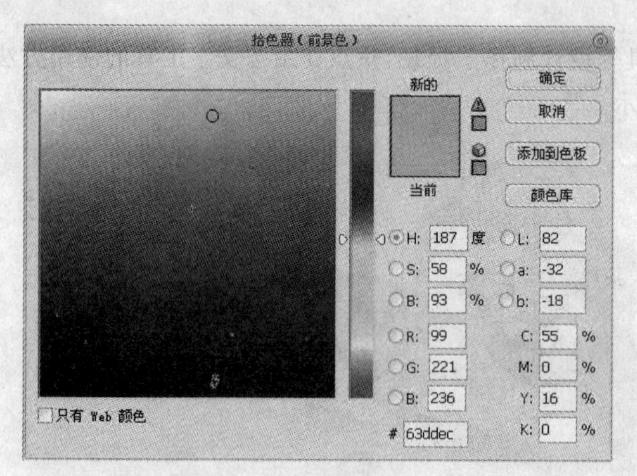

图5-2-3 “拾色器（前景色）”对话框

图5-2-4 绘制手提圆环

步骤3.选择矩形选框工具，选中手提圆环的下半部分，按“Delete”键删除，然后按“Ctrl”+“D”快捷键取消选区，效果如图5-2-5所示。

步骤4.新建图层，命名为“小圆环”，并设置前景色为白色。选择“自定形状工具”，选择形状库中的圆形边框，在左边绘制出一个小圆环，如图5-2-6所示。

图5-2-5 删除下半部分圆环

图5-2-6 绘制小圆环

步骤5.选择移动工具，同时按“Alt”键，在右边复制一个小圆环，如图5-2-7所示。

步骤6.单击“路径”面板中的“创建新路径”按钮，新建“路径1”，如图5-2-8所示。选择钢笔工具，在属性栏中单击“路径”按钮，在树叶周围绘制如图5-2-9所示的路径。

图 5-2-7　复制小圆环

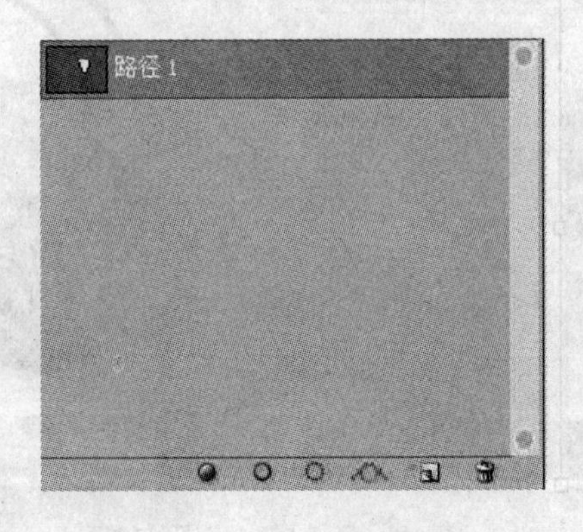

图 5-2-8　新建路径

图 5-2-9　绘制路径

步骤 7. 选择横排文字工具，将光标移至路径上，单击并输入文字。按“Ctrl”键将光标放在路径上，单击并沿路径拖动文字，使文字全部显示，如图 5-2-10 所示。删除路径后的效果如图 5-2-11所示。

图 5-2-10　沿路径输入文字

图 5-2-11　删除路径后的效果

5.2.3　制作手提袋

步骤 1. 将组成手提袋的图层全部选中，按“Ctrl”+“E”快捷键将它们合并。按“Ctrl”+“T”快捷键显示定界框，然后按“Alt”+“Shift”+“Ctrl”快捷键拖动定界框一边的控制点，变换图像，效果如图 5-2-12 所示，按回车键确认操作。

步骤 2. 复制当前图层，将位于下方的图层填充为灰色(可单击“锁定透明像素”按钮，再对图层进行填充，这样不会影响透明区域)。注意手提袋上部的半圆环保持绿色，效果如图5-2-13所示。

图5-2-12 变形

图5-2-13 复制图层

步骤3.新建图层，使用矩形工具在手提袋左侧面绘制一个矩形，用浅灰色进行填充。按“Ctrl”+“T”快捷键显示定界框，按“Alt”+“Shift”+“Ctrl”快捷键拖动定界框一边的控制点，变换图像。调整好后作为手提袋的侧面，如图5-2-14所示。

步骤4.重复上述步骤，在手提袋上面绘制一个矩形，效果如图5-2-15所示。

图5-2-14 侧面添加矩形

图5-2-15 顶部添加矩形

步骤5.将组成手提袋的图层全部选中，新建一个该图层的副本。按“Ctrl”+“T”快捷键显示定界框，单击鼠标右键，在弹出的快捷菜单中选择“垂直翻转”命令，然后向下移动图像，再按“Alt”+“Shift”+“Ctrl”快捷键拖动控制点，对图像的外形进行调整，如图5-2-16所示。设置该图层的不透明度为30%，效果如图5-2-17所示。

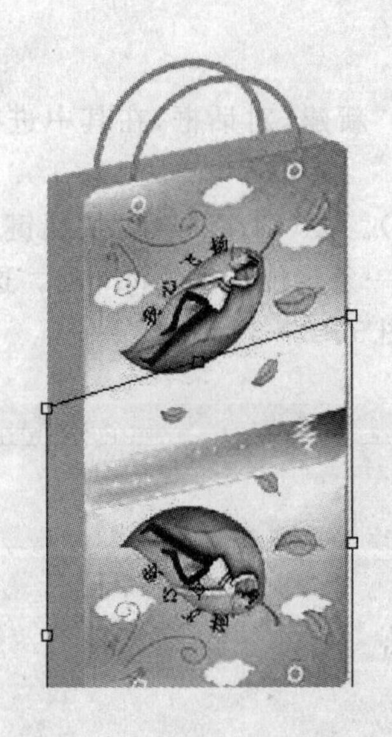

图 5-2-16　复制图层并翻转

图 5-2-17　添加倒影效果

步骤 6. 最后再复制几个手提袋，在菜单栏中选择“图像”|“调整”|“色相/饱和度”命令设置手提袋的颜色，制作出不同颜色的手提袋，最终效果如图 5-2-1 所示。

5.3　拓展案例：书籍封面设计

5.3.1　案例说明

本案例通过书籍封一的平面效果及立体效果的设计与制作，主要介绍文字工具、形状工具的使用方法和技巧。最终效果如图 5-3-1 所示。

图 5-3-1　书籍封面设计效果图

5.3.2 制作封一

步骤 1. 在菜单栏中选择“文件”|“新建”命令，打开“新建”对话框，在其中进行设置，如图 5-3-2所示。

步骤 2. 将背景填充为浅绿色(R:225,G:225,B:199)。按“Ctrl”+“R”快捷键显示标尺，在垂直标尺上绘制两条参考线，一条定位在 133 mm 处，另一条定位在 143 mm 处。这两条参考线划分出 3 个版面，从左至右依次为封底、书脊和封一，如图 5-3-3 所示。

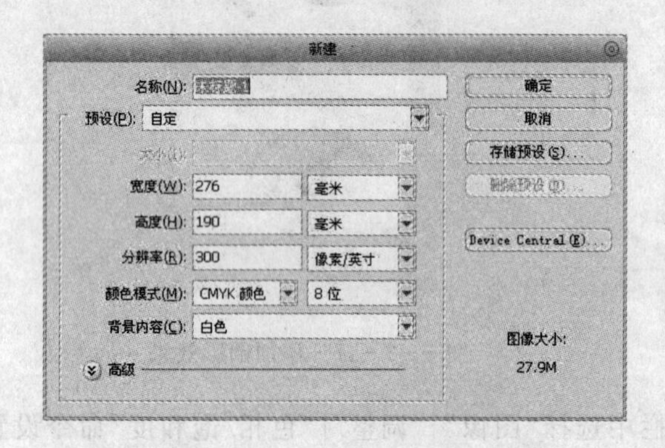

图 5-3-2 “新建”对话框

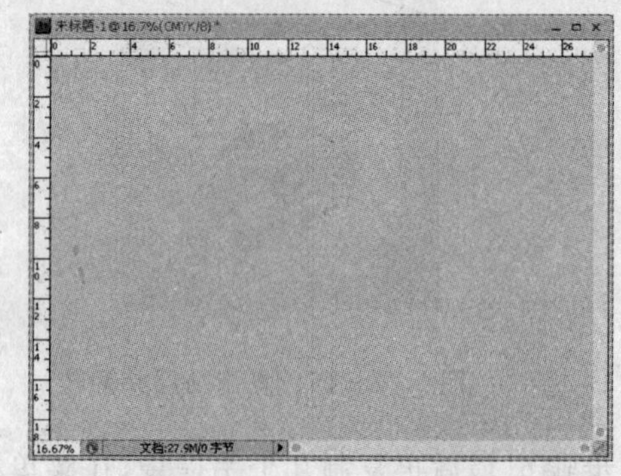

图 5-3-3 设置参考线

步骤 3. 新建一个图层，选择画笔工具。选用半湿描油彩笔画笔，设置直径为 320 px，如图 5-3-4所示。

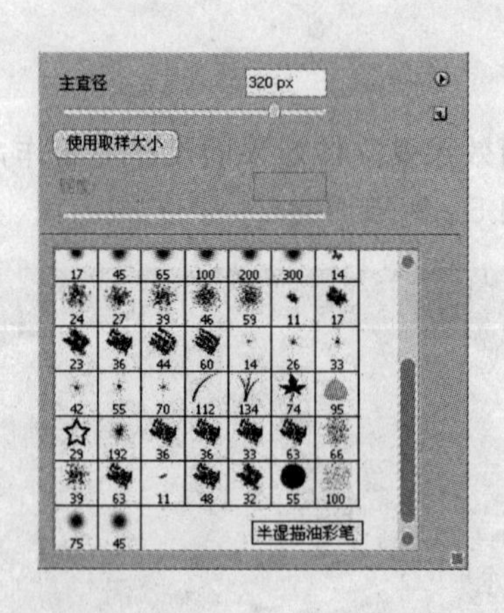

图 5-3-4 设置画笔形状

步骤 4. 将前景色设置为白色，使用画笔工具在书脊上单击，然后按住“Shift”键在画面右下方单击，创建一条 45°的斜线，如图 5-3-5 所示。将画笔直径调小，再绘制一条斜线。使用矩形选框工具选取书脊范围内的白线，按“Delete”键删除，然后按“Ctrl”+“D”快捷键取消选择，效果如图 5-3-6 所示。

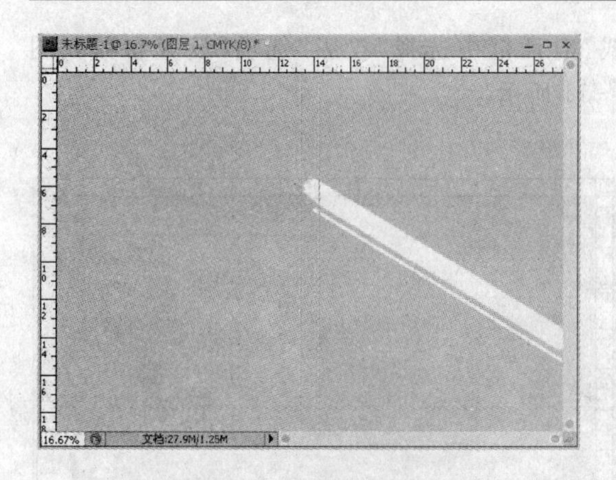

图 5-3-5　在封一处画斜线

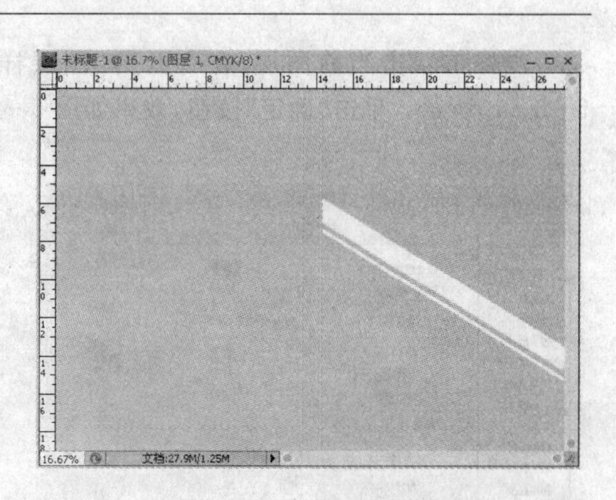

图 5-3-6　删除后效果

步骤 5. 打开素材文件，如图 5-3-7 所示。选择移动工具将素材拖动到封一文件中，如图 5-3-8所示。按住“Ctrl”键单击“创建新图层”按钮，在当前图层的下方新建一个图层。将前景色设置为粉色，使用画笔工具“散布枫叶”在画面中绘制枫叶，如图 5-3-9 所示。

图 5-3-7　素材文件

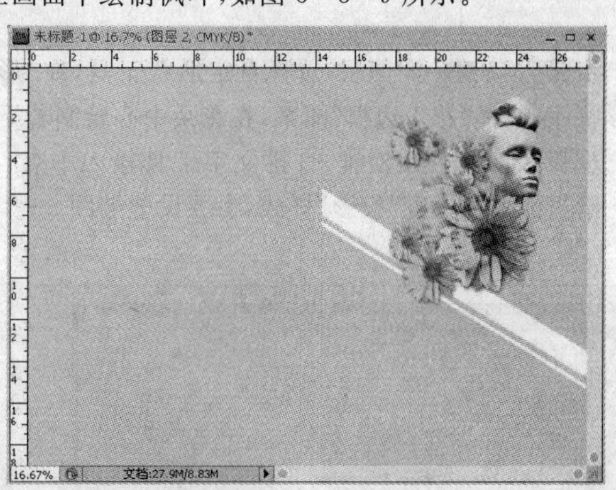

图 5-3-8　复制素材文件

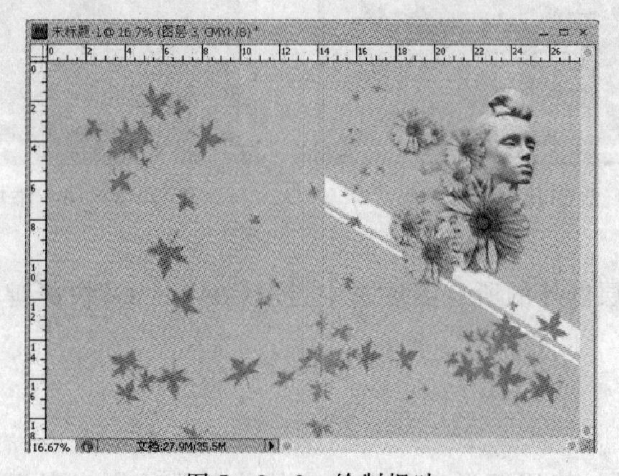

图 5-3-9　绘制枫叶

步骤6.双击当前图层，在打开的“图层样式”对话框中选择“投影”选项，设置参数如图5-3-10所示。单击“确定”按钮，效果如图5-3-11所示。

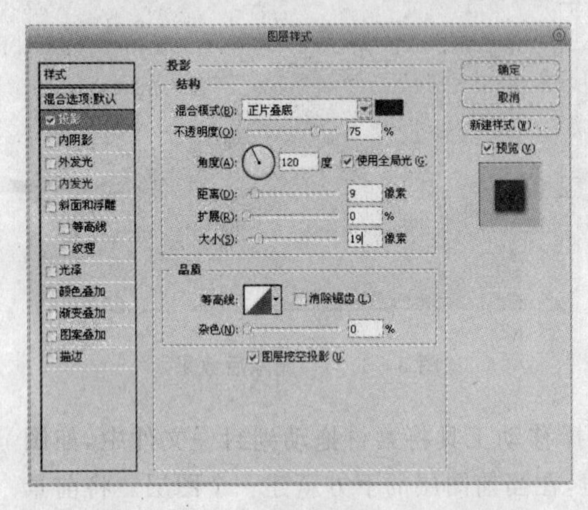

图5-3-10 投影“图层样式”对话框

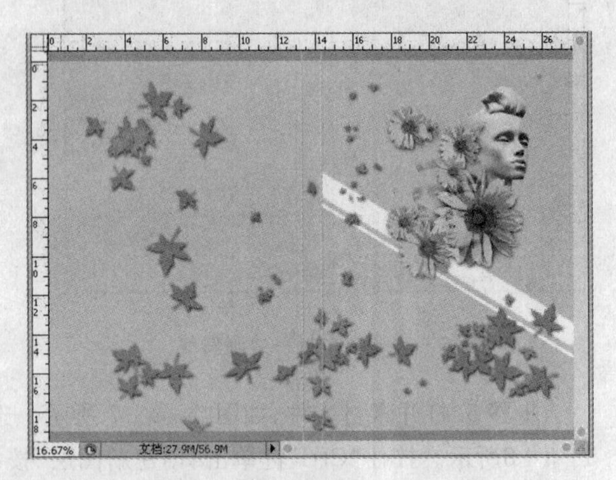

图5-3-11 设置投影后的效果

步骤7.新建一个图层，选择自定形状工具，在“形状”下拉菜单中选择“全部”命令。加载全部形状库，选择“花1边框”图案，在花朵中心绘制若干花心图形，效果如图5-3-12所示。

步骤8.分别使用横排、直排文字工具输入书名、作者及出版社名称，并设置合适的字体大小。给当前图层设置“投影”样式，参数设置如图5-3-10所示，效果如图5-3-13所示。

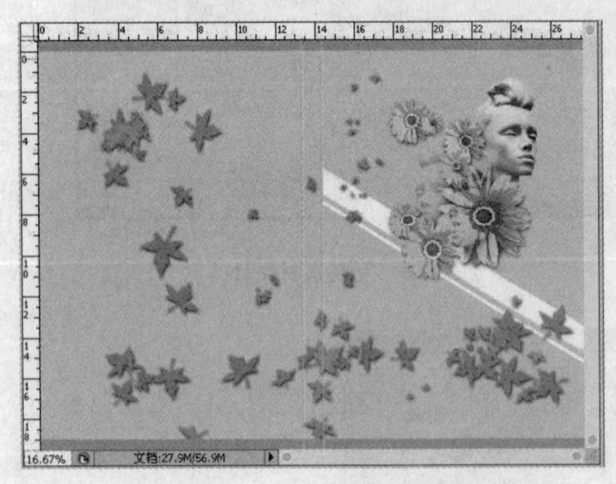

图5-3-12 绘制花心

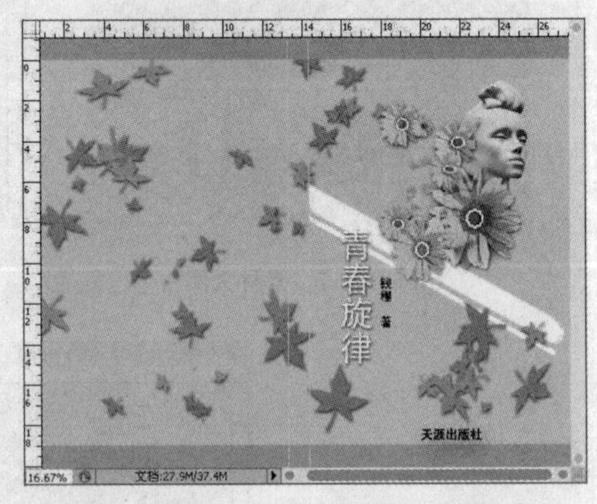

图5-3-13 添加文字并设置后的效果

步骤9.将除背景图层以外的所有图层选中，按“Ctrl”+“G”快捷键将它们创建在一个图层组内，命名为“封一”。

5.3.3 制作书脊

步骤1.新建一个图层，使用矩形工具以参考线为基准绘制出书脊区域。复制封一中的文

字，将它们移动到书脊上。对于横排的文字，在菜单栏中选择“图层”|“文字”|“垂直”命令，将它们变为纵向排列，如图 5-3-14 所示。

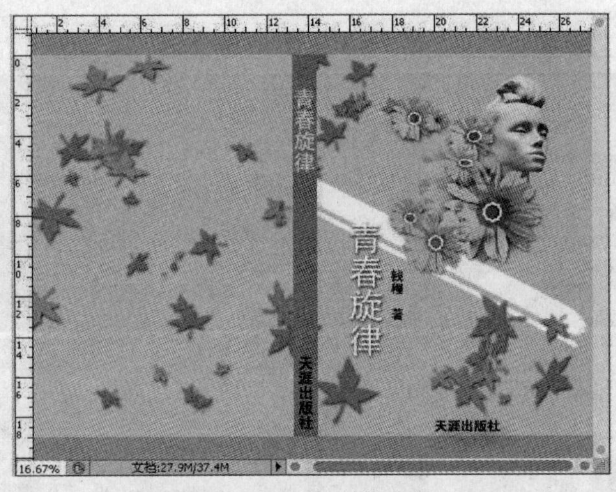

图 5-3-14　制作书脊

步骤 2. 将组成书脊的图层全部选中，选择移动工具，单击属性栏上的“水平居中对齐”按钮，使书脊中的文字对齐到书脊的中心。按“Ctrl”+“G”快捷键将它们创建到一个图层组内，并命名为“书脊”。

5.3.4　制作封底

步骤 1. 单击“封一”图层组前面的按钮，将图层组展开，选择带有图形的图层（不要选择文字图层和枫叶图层），如图 5-3-15 所示。按“Alt”+“Ctrl”+“E”快捷键将它们盖印到一个新的图层中，如图 5-3-16 所示。

图 5-3-15　选中图层

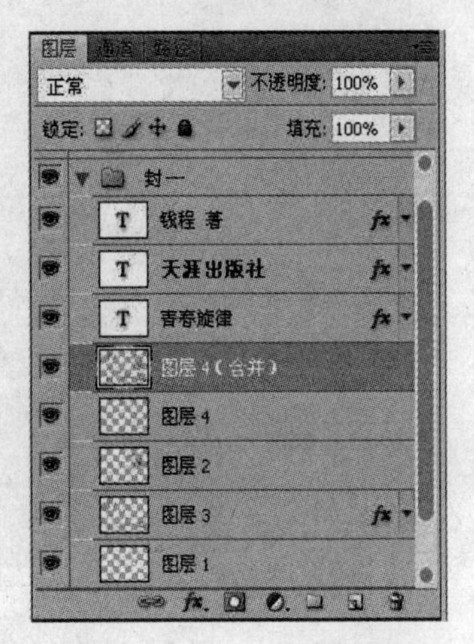

图 5-3-16　盖印图层

步骤2. 连按两次“Shift”+“Ctrl”+“]”快捷键，将它移动到最顶层。双击该图层，在“图层样式”对话框中，设置其混合模式为“明度”。按“Ctrl”+“T”快捷键，适当缩小其大小，作为封底的图案，如图5-3-17所示。

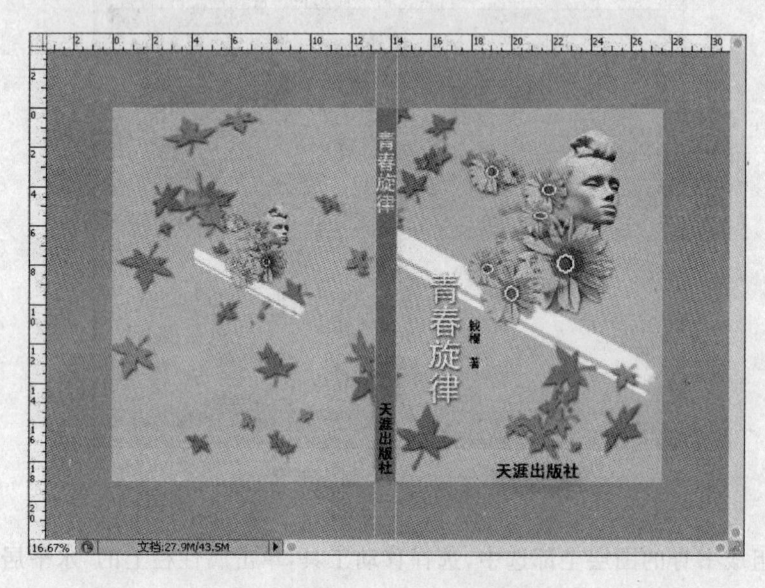

图5-3-17　制作封底图案

步骤3. 单击“创建新图层”按钮，在背景图层的上方新建一个图层。使用矩形工具根据封底图案的大小绘制一个矩形。双击该图层，选择“描边”选项。在封底加入条码，效果如图5-3-18所示。

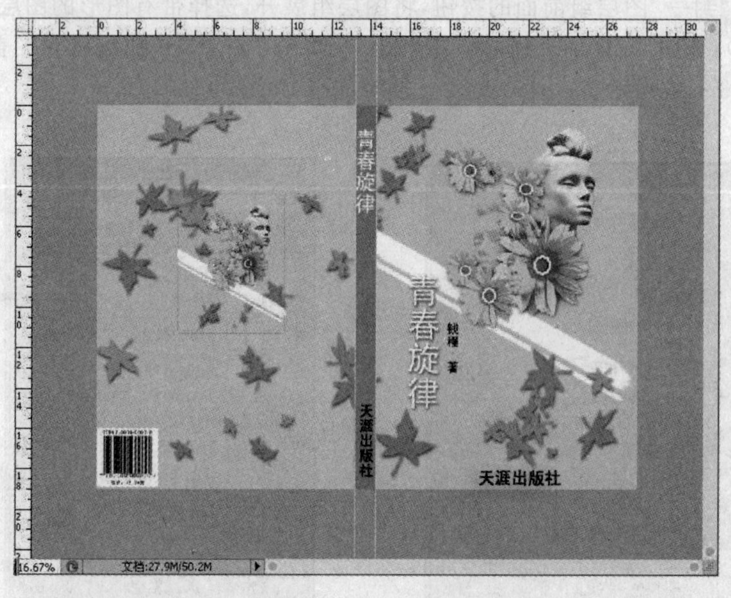

图5-3-18　封底、书脊、封一效果图

5.3.5　制作书籍立体效果图

步骤1.新建一个大小为297 mm×210 mm，分辨率为72像素/英寸，颜色模式为CMYK的图像文件，将背景填充为浅灰色。切换到封一文件中，按“Shift”+“Alt”+“Ctrl”+“E”快捷键盖印图层。

步骤2.使用矩形选框工具分别选取封一和书脊，然后选择移动工具，按“Ctrl”键将它们拖动到新建的文件中，再缩小图像，并进行变形处理，如图5-3-19和图5-3-20所示。

图5-3-19　拖到新建文件中

图5-3-20　进行变形处理

步骤3.选择多边形套索工具，在封一顶部创建一个选区，填充为白色，如图5-3-21和图5-3-22所示。

图5-3-21　创建选区

图5-3-22　填充为白色

步骤4.将除“背景”图层以外的图层合并，复制合并后的图层。设置它的不透明度为30%，在菜单栏中选择“编辑”|“变换”|“垂直翻转”命令，将它垂直翻转并向下移动，作为书的倒影，如图5-3-23所示。

图5-3-23 制作倒影

步骤5.用同样方法制作另外一个封底立体效果图，最终效果如图5-3-24所示。

图5-3-24 最终效果

小结与练习

本章小结

本章主要熟悉 Photoshop CS4 的文字工具的使用。熟练运用文字工具,并结合其他相关工具,辅助以较好的设计思路,能帮助制作出满意的图像作品。

练　　习

任务背景:欣悦公司是一家以生产手机、电子词典等为经营项目的公司。现公司有手机新产品推出,需要做宣传展板。

任务要求:设计一张欣悦公司产品宣传的展板。

设计要求:将文字和图像合理美观地合成到画面中,分别列出产品、名称及主要特点。

第6章　婚纱照片处理

本章通过案例的详解，使读者能够更加合理地利用通道设计作品，使自己的设计作品更上一层楼。

6.1　婚纱处理技巧

拍摄时尚婚纱照的流程很多，其中很关键的一个就是 Photoshop 处理图片。照片经过处理后，一些小瑕疵就去除了。但是尽量还是以靠近原色为主，因为原色才是本来的色彩，那种夸张怪异的色彩可以有一点，但仅仅是点缀，不可喧宾夺主。

1. 常见婚纱单片的 PS 分类

常见的婚纱单片主流流派有以下 5 种。

(1) 唯美原色

主张照片以清新唯美为特色，人物肤色、环境颜色尽量以还原本色为主，但在原片的基础上，进行提炼，去除杂色，增加皮肤的通透感。

(2) 原色高彩

在原色的基础上，色彩更加艳丽，皮肤颜色也更红、更深。

(3) 原色低彩

照片的色彩比较淡，很通透、清新。

(4) 糖水色

糖水色的感觉像糖水，给人的感觉很甜，如树木颜色调得很清透，皮肤颜色也调得很通透。这类主要用于写真，用于婚纱作品略显轻佻。

(5) 特殊色彩

这些色彩一般只作点缀之用，不作为全部照片的色调。比如外景照片中，把绿色调成蓝色，甚至调成红色，把画面调成怀旧的深棕色，或者让整张照片偏色，如略偏黄(黄昏感)，略偏蓝(夜景感)或者其他不同的色彩。

2. 常见版面设计的分类

常见的排版分为 3 类。

(1) 套版类

套版类是照片完全套现成的版。这类版，往往上面花样很多，元素丰富，看上去富贵豪华。不足的是，照片必须按版上的大小构图，很多图片得重新裁切，几乎没办法改版。

(2) 排版类

排版类也是一种套版，这种版相对比较自由，有一些发挥的余地，画面比较简洁，元素也相对比较简练。

(3) 融图类

融图类是一种纯手工设计，完全没有套版。就是把一张照片的周围虚化掉，然后和其他照片拼在一张版上。当然，小照片也可能加框，做投影，整个画面可能加一些花框，或者暗花及中英文的装饰等。

6.2　案例:制作婚纱日历

6.2.1　案例说明

本案例通过利用通道等工具将婚纱照片中的人物抠出，并更换背景，制作成日历，重点介绍了通道、色阶以及图层样式的综合运用。

6.2.2　婚纱抠图

原图如图 6－2－1 所示，抠出后效果如图 6－2－2 所示。

图 6－2－1　原图

图 6－2－2　修改后效果图

步骤 1. 打开人物图片，按“Ctrl”＋“J”快捷键复制一层，得到“图层 1”，再新建一个图层，得到“图层 2”，将前景色设置为纯蓝(R:0,G:0,B:255)，选择菜单“编辑”|“填充”命令，如图6－2－3所示。

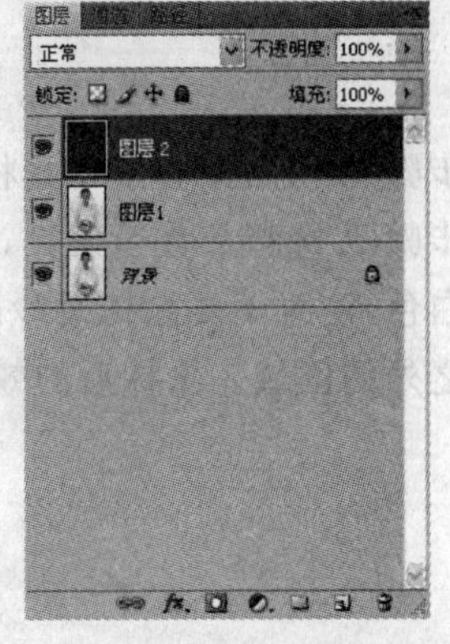

图 6－2－3　导入原图复制并填色

步骤 2. 将“图层 2”隐藏，单击“图层 1”，进入通道，选择一个颜色对比较好的通道，如绿色通道，右击，在快捷菜单中选择“复制”命令，得到“绿副本”图层，如图 6－2－4 所示。

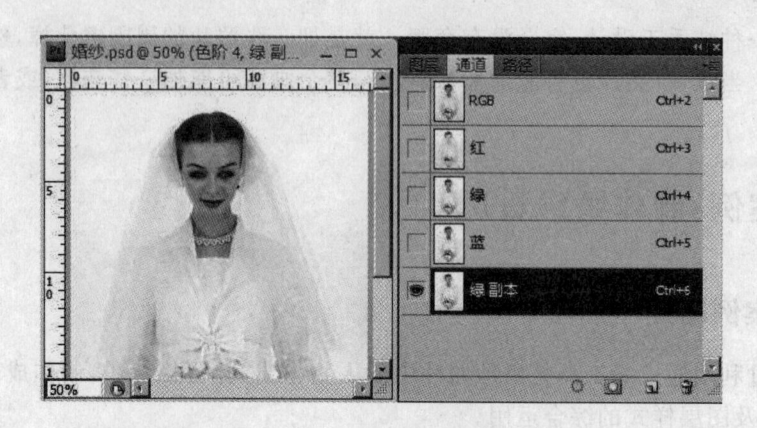

图6-2-4　复制得到“绿副本”

步骤3. 按“Ctrl”+“I”快捷键反相，选择菜单“图像”|“调整”|“色阶”命令，参数设置如图6-2-5所示。

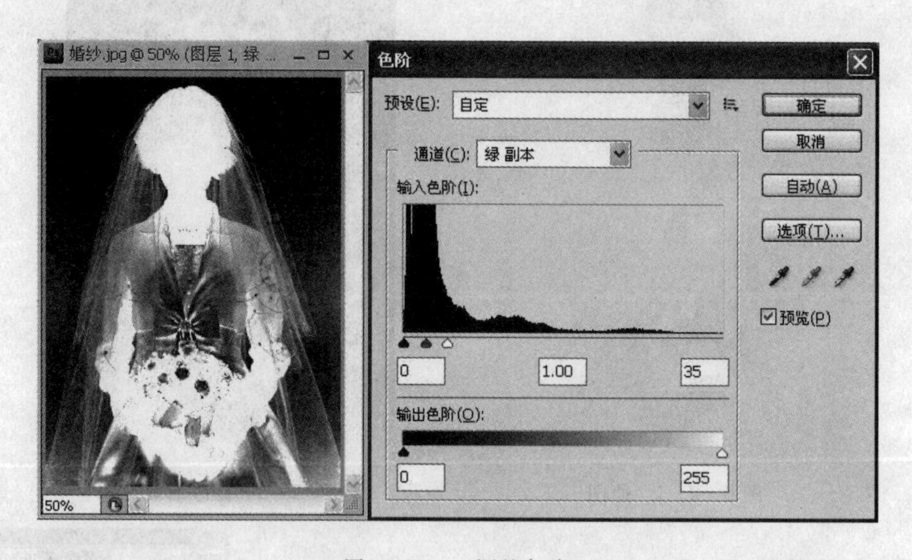

图6-2-5　调整色阶

步骤4. 用磁性套索工具将人物与婚纱部分选出，如图6-2-6所示。

步骤5. 选择放大镜工具，将图像放大到“400%”，将人物身体部分用白色的“9#”软画笔涂抹为白色，注意不要涂抹婚纱部分，选择菜单“选择”|“反选”命令在选区内用黑色的硬画笔涂抹人物之外的区域。涂抹后的效果如图6-2-7所示。

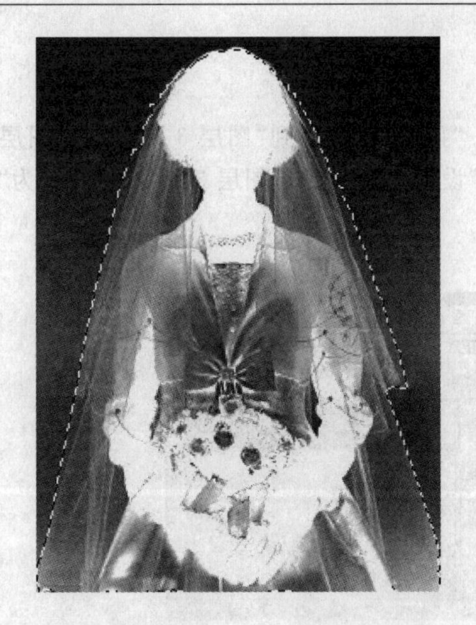

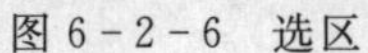
图 6-2-6　选区

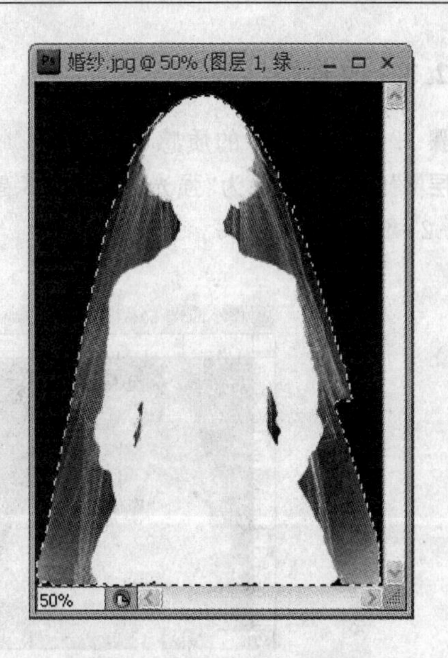

图 6-2-7　涂抹后的效果

步骤 6. 下面绘制透明的婚纱选区。处理过于透明的区域和马赛克区域，修改涂抹完成后，载入选区，显示蚁线，如图 6-2-8 所示。

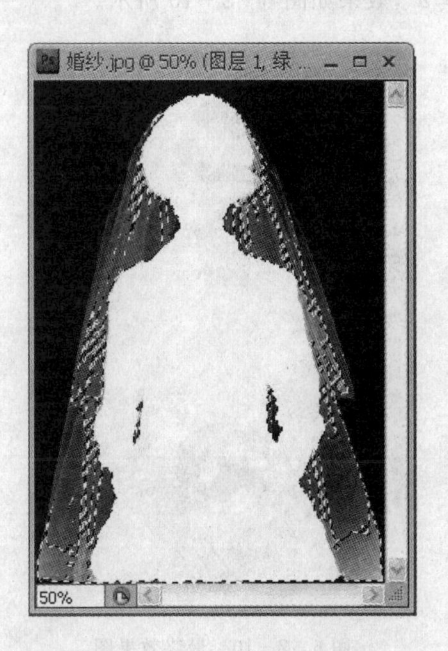

图 6-2-8　绘制婚纱选区

步骤 7. 单击“图层 1”，按“Ctrl”+“J”快捷键将人物及婚纱部分复制到“图层 3”上，位于“图层 2”上方，效果如图 6-2-2 所示。

6.2.3 改善婚纱效果

步骤1.为增强婚纱的质感，按两次“Ctrl”+“J”快捷键，得到“图层3副本”和“图层3副本2”，“图层3”的模式设置为“强光”，“图层3副本”设置为“柔光”，“图层3副本2”设置为“正常”，如图6-2-9所示。

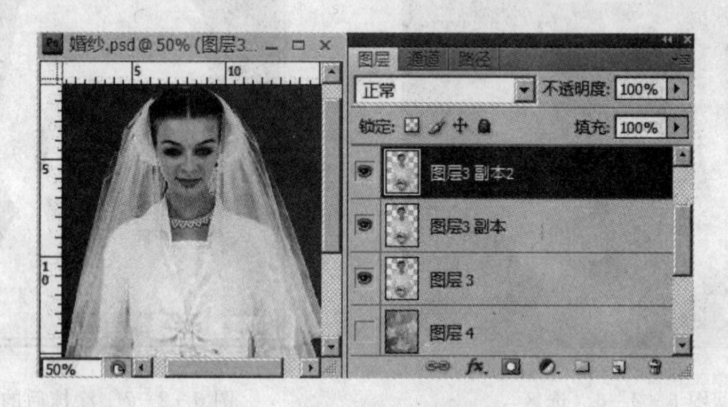

图6-2-9 修改后效果图

步骤2.打开背景素材，用移动工具将背景拖入本文档并置于“图层3”下方，合并“图层3”、“图层3副本”和“图层3副本2”，效果如图6-2-10所示。

图6-2-10 最终效果图

6.2.4 制作日历

步骤1.用横排文字工具在图像上方输入标题。新建一个图层，用矩形工具绘制一个矩形，并输入白色的文字，然后为标题、矩形和文字分别设置颜色，效果如图6-2-11所示。

步骤2.下面输入日期。由于日期中有一位数也有两位数，因此，即使数字的间隔相同，每一列数字在垂直方向也不能够对齐，所以必须通过另一种方法输入文字。首先单击工具栏上的“居中对齐文本”按钮，然后在画面中单击输入数字1，再按回车键进入下一行，输入数字8。采用同样的方式输入这一列中的其他数字，单击该图层的缩览图，结束文本的输入状态，使其成为一个单独的文本。在该文本的左侧输入下一列数字“7”、“14”、“21”、“28”，依此类推，效果如图6-2-12所示。

图6-2-11　标题效果图

图6-2-12　日历效果图

步骤3.按“Shift”键将日期这几个图层选取。选择移动工具，分别单击属性栏上的“底对齐”按钮和“水平居中分布”按钮，将文字进行对齐与分布处理，使日期排列得整齐美观，完成日历的制作，效果如图6-2-13所示。

图6-2-13　婚纱日历最终效果图

6.3 案例:婚纱照片颜色改善

6.3.1 案例说明

本案例运用Photoshop的色彩调整制作出唯美色彩的婚纱照片效果,介绍如何将色彩不鲜明、背景模糊的婚纱照片进行简单的配色,以达到预期调色的效果。

6.3.2 提亮暗区

步骤1.打开原图片,并复制“背景”图层,将“背景副本”图层模式设置为“滤色”,不透明度设置为“59%”,如图6-3-1所示。

图6-3-1 更改图层模式后的效果

步骤2.合并图层,选择套索工具分别在人物脸部和腿部较暗的地方绘制选区,如图6-3-2所示,对选区进行羽化,羽化值为5像素,再用曲线将选区内图片适当提亮,曲线设置如图6-3-3所示。

图6-3-2 选定暗区

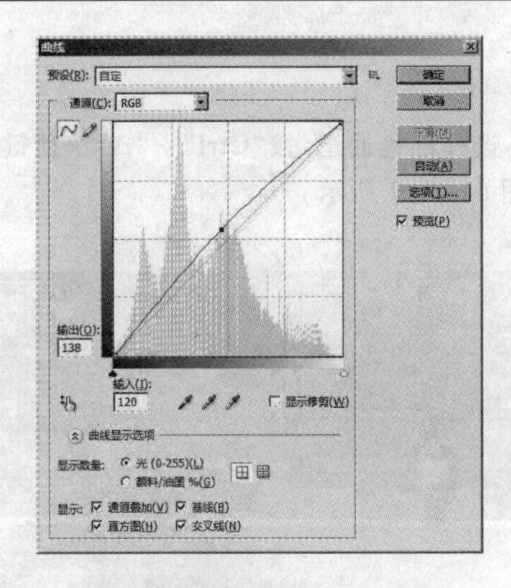

图 6-3-3　“曲线”对话框

步骤 3. 选择套索工具在较暗的草地上绘制选区，如图 6-3-4 所示。同样进行羽化，羽化值为 5 像素，用曲线将选区内图片适当提亮，曲线设置如图 6-3-5 所示，效果如图 6-3-6 所示。

图 6-3-4　选定较暗区

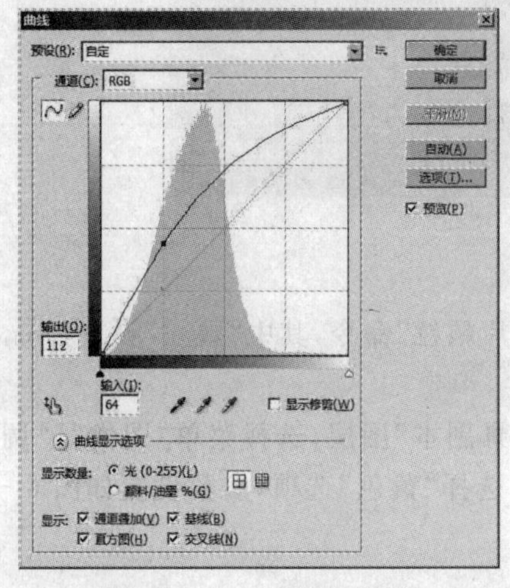

图 6-3-5　“曲线”对话框

图 6-3-6　效果图

6.3.3　颜色调整

步骤1.进入“通道”面板,选择红色通道,按“Ctrl”+“A”快捷键将红色通道全选,然后再按“Ctrl”+“C”快捷键复制,如图6-3-7所示。

图6-3-7　选择红色通道

步骤2.返回“图层”面板,新建图层,按“Ctrl”+“V”快捷键粘贴红色通道,图层模式设置为“滤色”,不透明度设置为“57%”,如图6-3-8所示。

图6-3-8　复制红色通道

步骤3.在“图层1”上选择菜单“滤镜”|“艺术效果”|“胶片颗粒”命令,其中“颗粒”设置为0,“高光区域”设置为7,“强度”设置为1,如图6-3-9所示。

步骤4.将“背景”图层和“背景副本”图层合并,选择“背景副本”图层,选择菜单“图像”|“调整”|“色相/饱和度”命令,在弹出的“色相/饱和度”对话框中选择“黄色”选项,参数设置如图6-3-10所示,注意要将“图层1”隐藏才能看到效果。

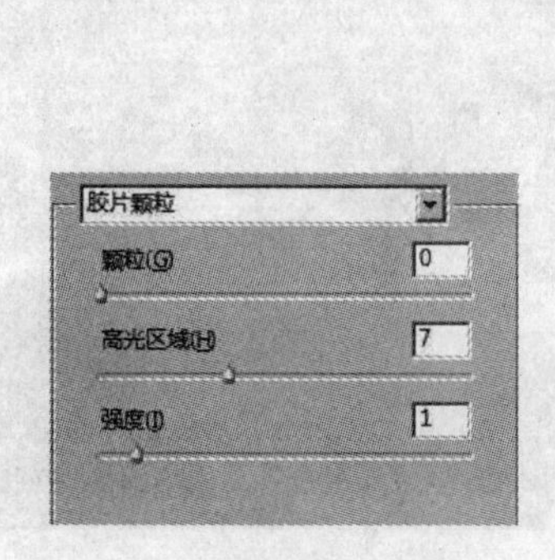

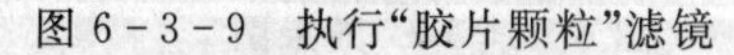

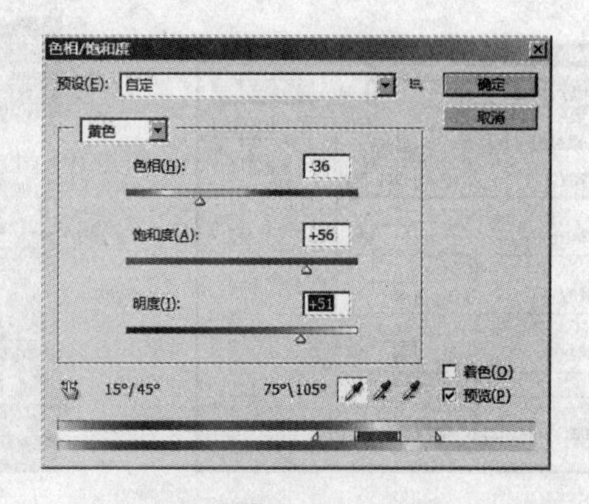

图 6-3-9　执行"胶片颗粒"滤镜　　图 6-3-10　"色相/饱和度"对话框

步骤 5. 在"图层 1"上加蒙版，用画笔工具在蒙版上适当地将"图层 1"下方的人物面部轮廓绘制出来，如图 6-3-11 所示。其中，画笔的不透明度设置为 21%，硬度设置为 0%，前景色设置为黑色，背景色设置为白色。

图 6-3-11　利用蒙版绘制出人物

步骤 6. 合并图层，选择菜单"图像"|"调整"|"可选颜色"命令，在"可选颜色"对话框中，选择"颜色"为青色，将青色设置为 +68%，洋红设置为 0%，黄色设置为 −100%，黑色设置为 +100%，如图 6-3-12 所示。

步骤 7. 继续选择菜单"图像"|"调整"|"可选颜色"命令，在"可选颜色"对话框中，选择"颜色"为青色，将青色设置为 +100%，洋红设置为 0%，黄色设置为 −55%，黑色设置为 +50%，如图 6-3-13 所示，效果如图 6-3-14 所示。

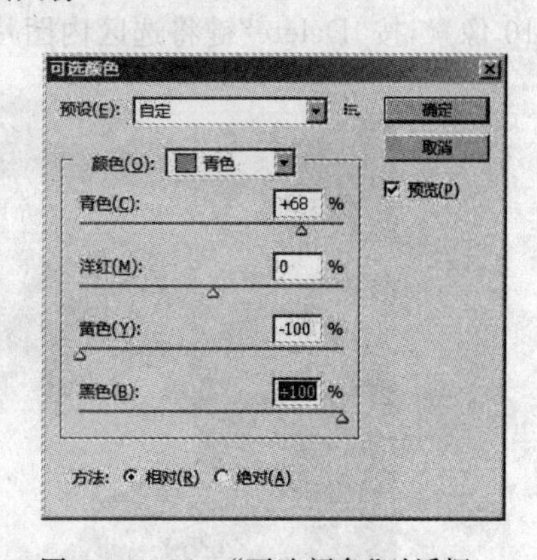

图 6-3-12　"可选颜色"对话框

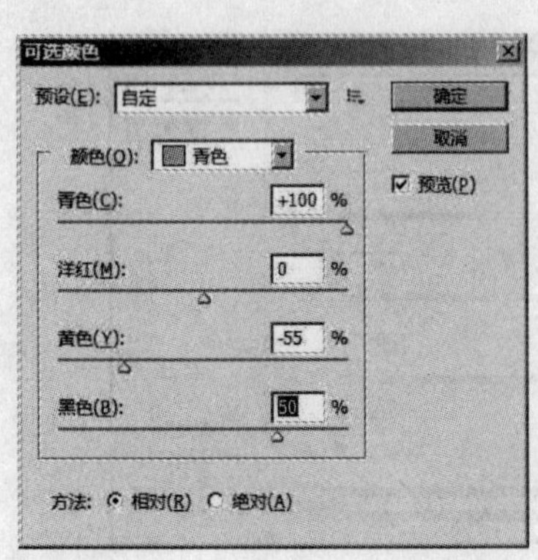

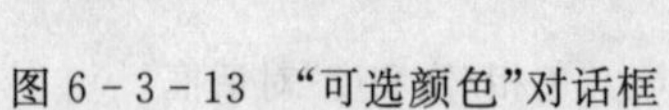

图 6-3-13 “可选颜色”对话框

图 6-3-14 效果图

步骤 8.复制图层,在“背景副本”图层上选择菜单“滤镜”|“模糊”|“动感模糊”命令,在“动感模糊”对话框中,角度设置为 0 度,距离设置为 798 像素,如图 6-3-15 所示。

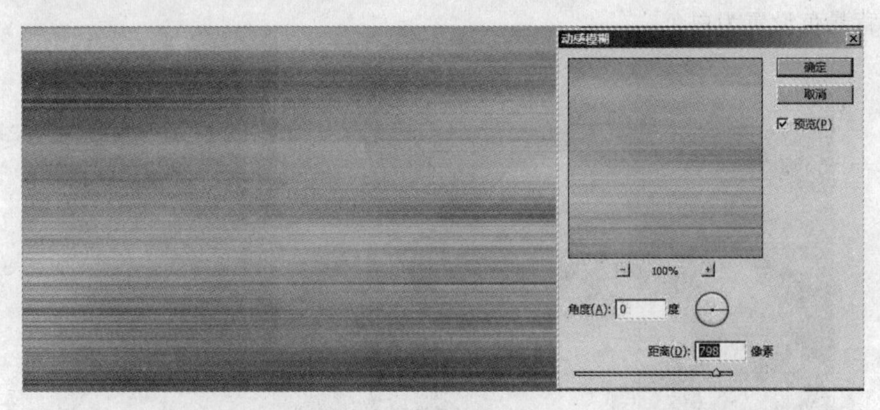

图 6-3-15 执行“动感模糊”滤镜

步骤 9.“背景副本”图层模式设置为“柔光”,用套索工具将人物轮廓选出来并羽化,羽化值为 10 像素,按“Delete”键将选区内图片删除,效果如图 6-3-16 所示。

图 6-3-16 效果图

步骤 10. 选择“背景副本”图层，选择“图像”|“调整”|“色阶”命令，将图片调暗，参数设置如图6－3－17所示。

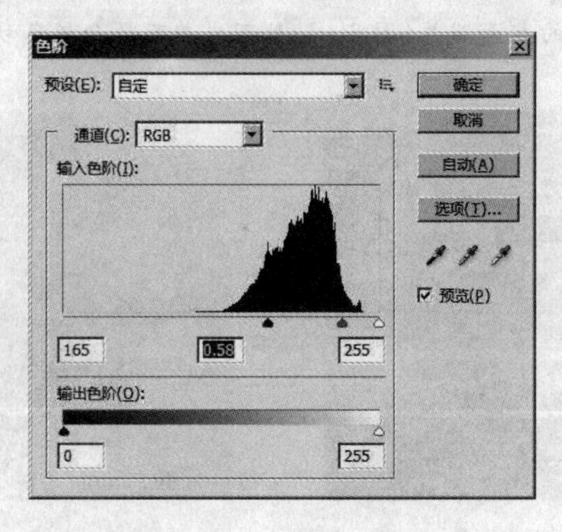

图 6－3－17　“色阶”对话框

步骤 11. 合并所有图层，选择菜单“图像”|“调整”|“色相/饱和度”命令，选择“青色”选项，参数设置如图 6－3－18 所示。最后用加深/减淡工具在图片上做适当调整，最终效果如图6－3－19所示。

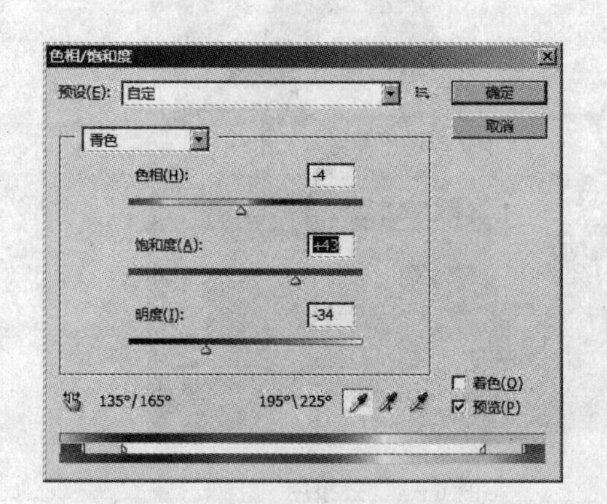

图 6－3－18　“色相/饱和度”对话框

图 6－3－19　最终效果图

小结与练习

本章小结

通过学习两个案例操作，初步掌握“通道”面板的操作，能将通道和其他工具综合运用，设计出好的作品。

练 习

1. 快速地将一张翠绿的春天照片(图6-1)处理成美丽的金黄色秋天景色(图6-2)。

图6-1 翠绿的春天

图6-2 金黄色的秋天

2. 给图6-3所示的图像换背景,效果类似图6-4所示。

图6-3 原图

图6-4 效果图

第7章 海报设计

本章通过3个案例介绍滤镜的功能和特效。读者通过学习将掌握滤镜的各项功能和特点，通过反复地实践练习，可绘制出丰富多彩的图像效果。

7.1 关于海报设计

海报即招贴，是指张贴在公共场所的告示和印刷广告。海报作为一种视觉传达艺术，最能体现平面设计的形式特征。它的设计理念、表现手法较之其他广告媒介更具典型性。

7.1.1 海报的种类

海报从用途上分为3类，即商业海报、艺术海报和公共海报。

• 商业海报是最为常见的海报形式，也是广告的主要媒介之一，它包括各种商品的宣传海报、服务类海报、旅游类海报、文化娱乐类海报、展览类海报和电影海报等，不同类型商业海报如图7-1-1～图7-1-3所示。

图7-1-1 商业广告1

图7-1-2 商业广告2

图7-1-3 商业广告3

• 艺术海报是一种以海报形式表达美术创新观念的艺术作品，它包括各类画展、设计展、摄影展的海报。图7-1-4和图7-1-5所示为海报设计大师霍尔格·马提斯的作品。

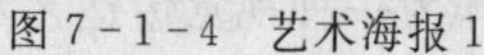

图7-1-4　艺术海报1

图7-1-5　艺术海报2

• 公共海报是一种非商业性的海报，它包括宣传环境保护、交通安全、防火、防盗、禁烟、禁毒、保护妇女儿童权益等公益海报，以及政府部门制定的政策与法规的宣传海报、体育海报等非公益性海报。图7-1-6和图7-1-7所示为禁毒禁烟公益海报。

图7-1-6　公益海报1

图7-1-7　公益海报2

7.1.2　海报的构成要素

图形、色彩和文案是构成海报的3个要素。海报中的图形一般是指文字以外的视觉元素，其表现形式主要有摄影、绘画、装饰图案、标志和漫画等，如图7-1-8所示。色彩是重要的视觉元素，它会使人产生不同的联想和心理感受，可以为商品营造独具个性的品牌魅力，如图7-1-9所示。

海报的文案包括海报的标题、正文、标语和随文等。朱迪斯查尔斯传播公司总裁查尔斯说过，“文案是坐在打字机后面的销售家”，好的文案不仅能够直接说出产品的最佳利益点，还应与海报中的图形、色彩有机结合，产生最佳的视觉效果。

图7-1-8 漫画表现

图7-1-9 色彩表现

7.1.3 海报中常用的表现手法

1. 写实表现法

写实表现法是一种直接展示对象的表现方法，它能够有效地传达产品的最佳利益点。图7-1-10所示为手表海报。

2. 联想表现法

联想表现法是一种婉转的艺术表现方法，它是由一个事物联想到另外的事物，或将事物某一点与另外事物的相似点或不同点自然地联系起来的思维过程。图7-1-11所示为益达口香糖海报，通过画面中被咬断的勺子能够让人们联想到坚固的牙齿，进而对该口香糖的功效心领神会。

图7-1-10 写实表现法

图7-1-11 联想表现法

3. 情感表现法

“感人心者，莫先于情”，情感是最能引起人们心理共鸣的一种心理感受。美国心理学家马斯洛指出，“爱的需要是人类需要层次中最重要的一个层次”。在海报中运用情感因素可以增强作品的感染力，达到以情动人的效果。图7-1-12所示为香水海报。

4. 对比表现法

对比表现法是将性质不同的要素放在一起相互比较，在对比中突出产品的性能和特点。图7-1-13所示为一款护肤用品海报，通过模特使用该产品前后的照片对比，体现了产品的功效。

图7-1-12　情感表现法

图7-1-13　对比表现法

5. 夸张表现法

夸张是海报中常用的表现手法之一，它通过一种夸张的、超出观众想象的画面内容来吸引受众的眼球，具有极强的吸引力和戏剧性。图7-1-14和图7-1-15所示为一则内衣和一则杀虫剂海报。

图7-1-14　夸张表现法1

图7-1-15　夸张表现法2

6. 幽默表现法

广告大师波迪斯曾经说过，“巧妙地运用幽默，就没有卖不出去的东西”。幽默的海报具有很强的戏剧性、故事性和趣味性，往往能够让人会心一笑，并产生良好的说服效果，如图7-1-16和图7-1-17所示。

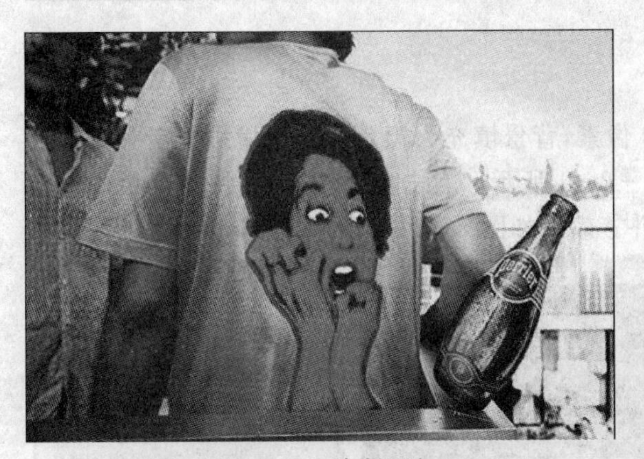
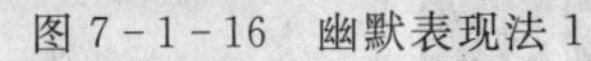
图7-1-16 幽默表现法1

图7-1-17 幽默表现法2

7. 拟人化表现法

将自然界的事物进行拟人化处理,赋予其人格和生命力,能够让受众迅速地在心里产生共鸣,如图7-1-18所示。

8. 名人表现法

巧妙地运用名人效应会增加产品的亲切感,产生良好的社会效益。如图7-1-19所示为一则香水海报。

图7-1-18 拟人化表现法

图7-1-19 名人表现法

7.2 案例:灯丝文字

7.2.1 案例说明

本案例主要介绍模糊、像素化、风格化等滤镜的使用方法,然后结合其他工具完成灯丝效果的文字。

7.2.2　文字输入

新建一个图像文件，大小为500像素×700像素，背景填充为黑色。使用横排文字工具输入“HBVTC. EDU. CN”，并设置字符属性，如图7-2-1所示。右击文字图层，在快捷菜单中选择“删格化文字”命令，将文字图层和背景图层合并。效果如图7-2-2所示。

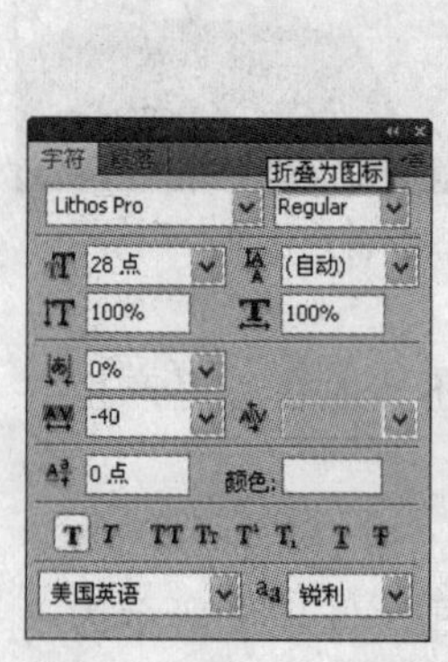

图7-2-1　字符设置

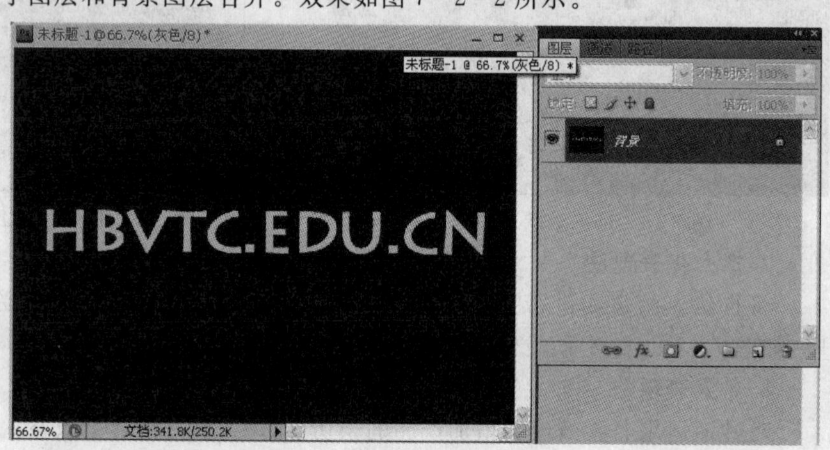

图7-2-2　显示效果图

7.2.3　滤镜使用

步骤1. 选择菜单“滤镜”|“模糊”|“高斯模糊”命令，打开“高斯模糊”对话框，对文字进行处理，设置如图7-2-3所示。

步骤2. 将“背景”图层复制两次，得到“背景副本”和“背景副本2”图层，如图7-2-4所示。

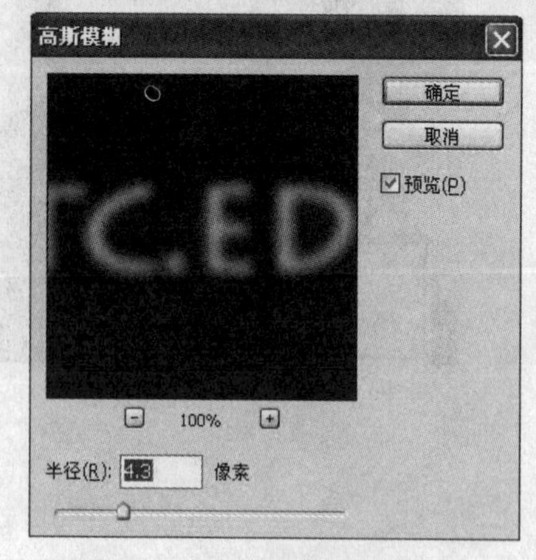

图7-2-3　“高斯模糊”对话框

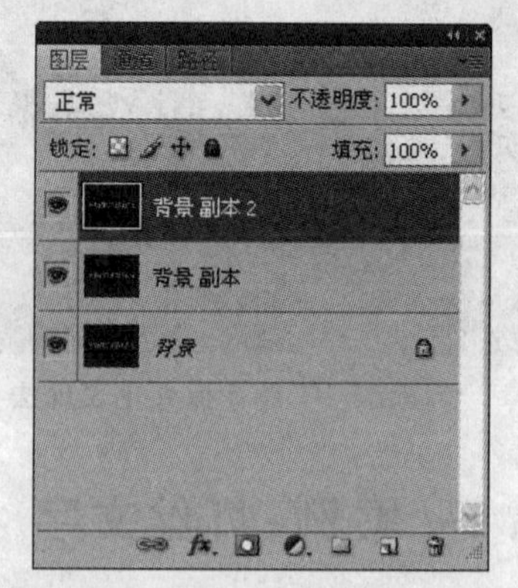

图7-2-4　复制后结果

步骤3. 隐藏“背景副本2”，选择“背景副本”，在菜单栏中选择“滤镜”|“像素化”|“晶格化”命令，在弹出的“晶格化”对话框中设置晶格化效果，如图7-2-5所示，效果如图7-2-6所示。

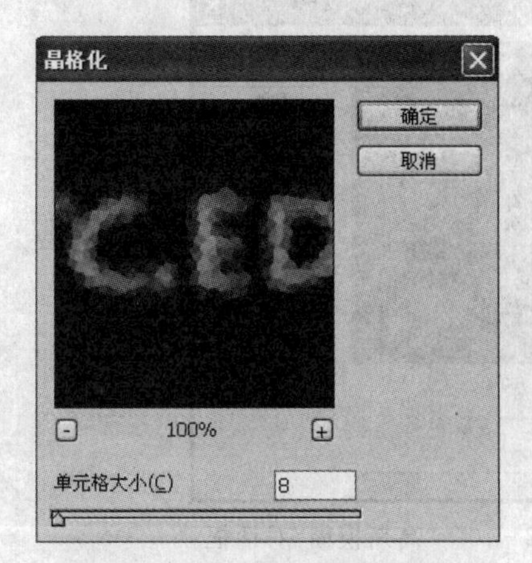

图 7-2-5 “晶格化”对话框

图 7-2-6 晶格化后效果

步骤 4. 选择“滤镜”|“风格化”|“照亮边缘”命令，设置参数如图 7-2-7 所示，得到的效果如图 7-2-8 所示。

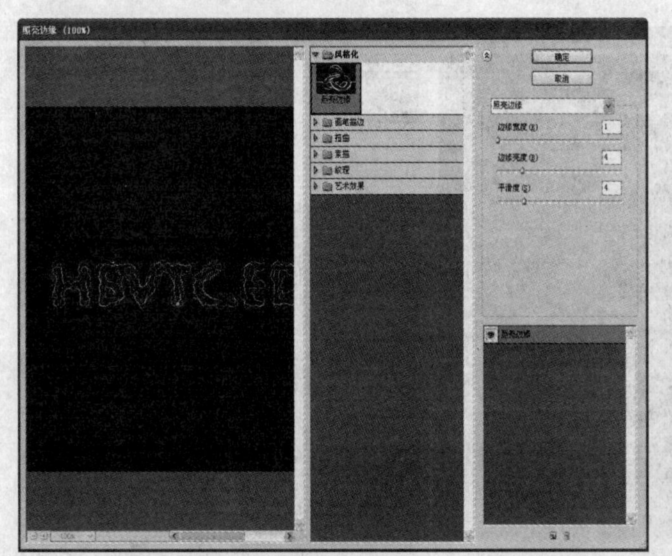

图 7-2-7 照亮边缘

图 7-2-8 效果图

步骤 5. 打开“通道”面板，按“Ctrl”键并单击“蓝”通道载入其选区。

步骤 6. 返回“图层”面板，按“Ctrl”+“J”快捷键复制出“图层 1”，设置“图层 1”的混合模式为“滤色”，如图 7-2-9 所示。

步骤 7. 选择“背景副本 2”图层，选择菜单“滤镜”|“模糊”|“高斯模糊”命令，打开“高斯模糊”对话框，设置如图 7-2-10 所示。

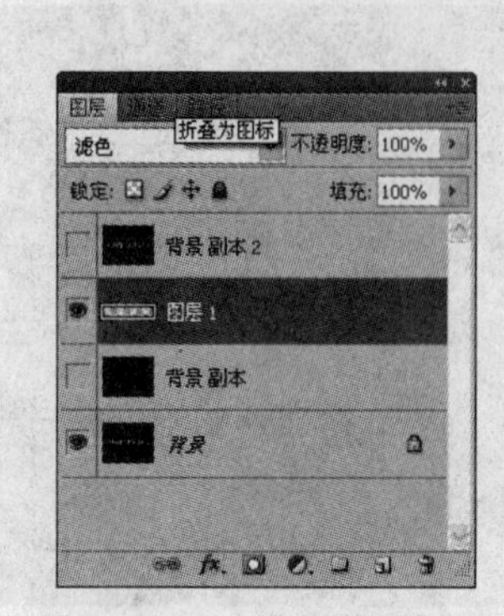

图 7-2-9 设置“图层 1”

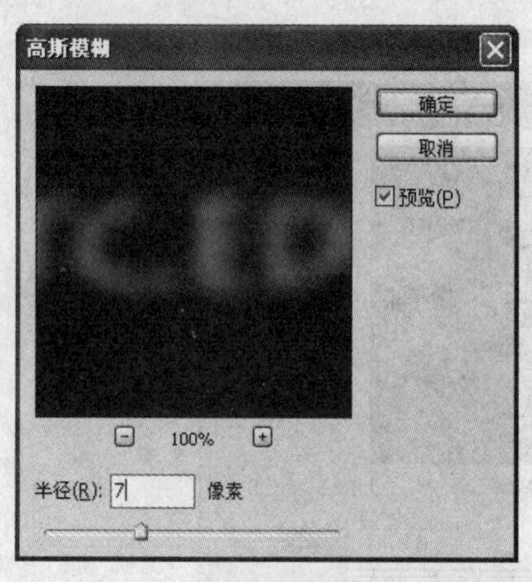

图 7-2-10 “高斯模糊”对话框

步骤 8. 选择菜单“滤镜”|“像素化”|“晶格化”命令，打开“晶格化”对话框，设置如图 7-2-11 所示。

步骤 9. 选择菜单“滤镜”|“风格化”|“照亮边缘”命令，注意“平滑度”的参数设置，如图 7-2-12 所示。

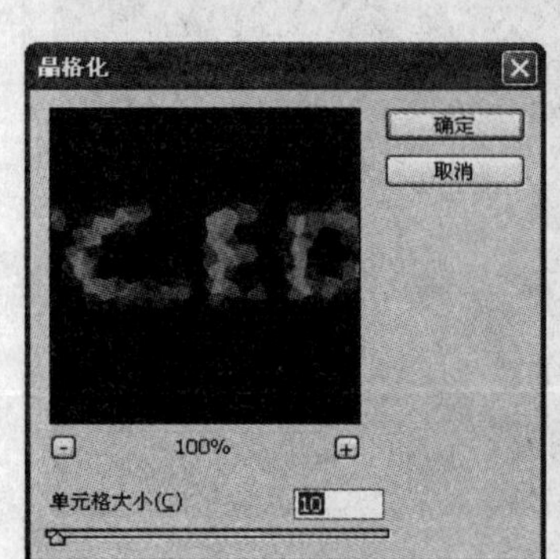

图 7-2-11 “晶格化”对话框

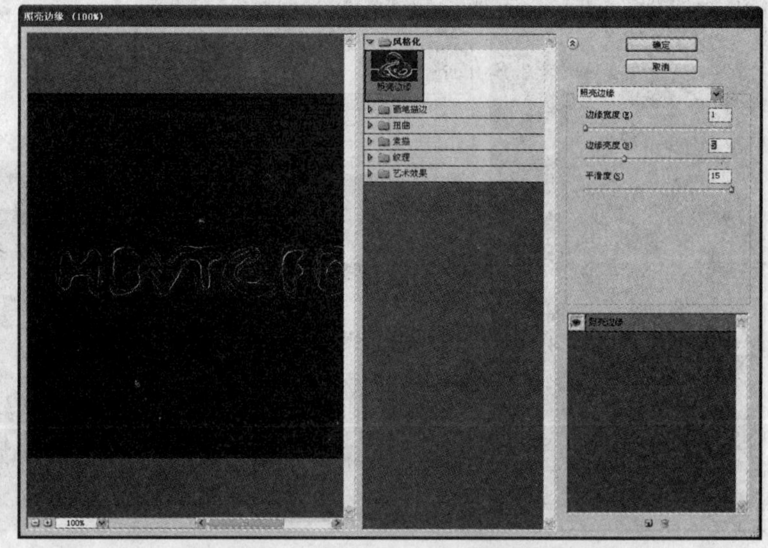

图 7-2-12 “照亮边缘”参数设置

7.2.4 颜色效果

步骤 1. 选择“图层样式”，添加渐变叠加效果，设置颜色如图 7-2-13 所示。

步骤 2. 将“背景副本 2”的图层样式设置为柔光，最终效果如图 7-2-14 所示。

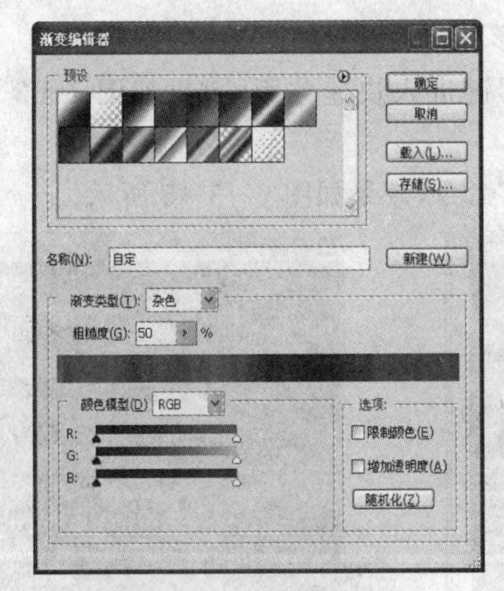

图 7-2-13 颜色渐变

图 7-2-14 最终效果

7.3 案例:多彩光束

7.3.1 案例说明

本案例通过灵活运用滤镜、色彩调整等功能制作出多彩光束特效。

7.3.2 制作光束纹理

步骤 1. 新建一个图像文件,大小为 300 像素×500 像素,背景填充为黑色。再新建一空白图层,白色画笔设置为 3 像素,按“Shift”键,从上向下绘制一条线段,效果如图 7-3-1 所示。

步骤 2. 选择“图层 1”,选择菜单“滤镜”|“扭曲”|“切变”命令,设置如图 7-3-2 所示。

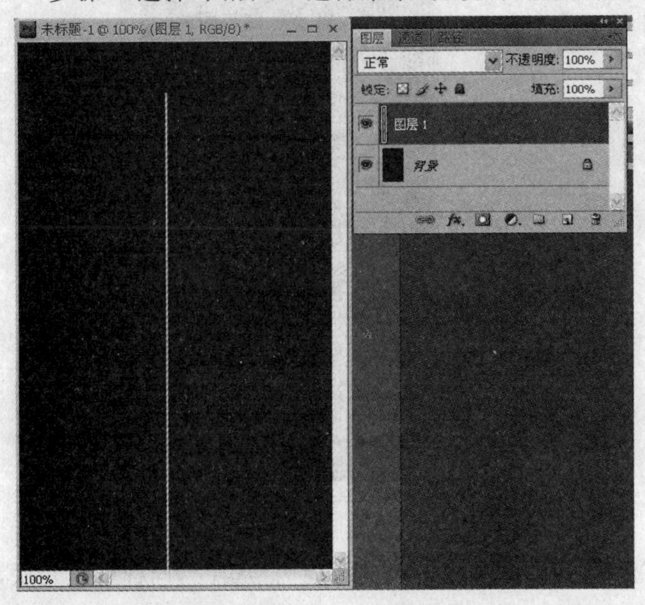

图 7-3-1 白色线段

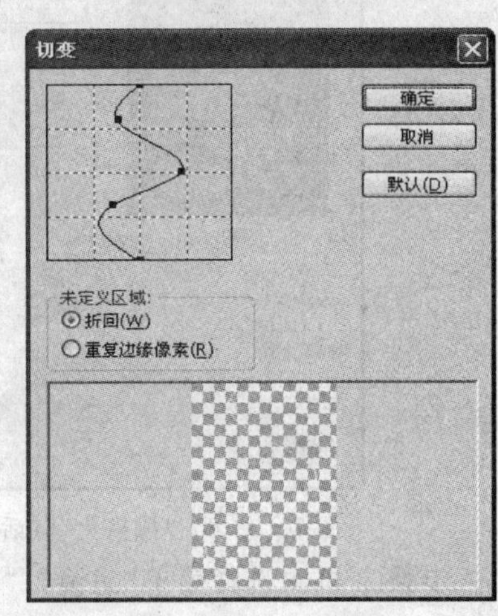

图 7-3-2 切变设置

步骤 3. 选择"图层 1",选择菜单"编辑"|"变换"|"变形"命令,设置如图 7-3-3 所示。

步骤 4. 按"Ctrl"键并单击曲线层,载入选区,按"Q"键进入快速蒙版,效果如图 7-3-4 所示。

步骤 5. 选择菜单"编辑"|"变换"|"顺时针旋转 90 度"命令,效果如图 7-3-5 所示。

图 7-3-3 变形设置

图 7-3-4 进入蒙版

图 7-3-5 变换效果

7.3.3 添加滤镜效果

步骤 1. 选择菜单"滤镜"|"风格化"|"风"命令,在"风"对话框中进行设置,如图 7-3-6 所示。重复几次,直到达到满意的效果,如图 7-3-7 所示。

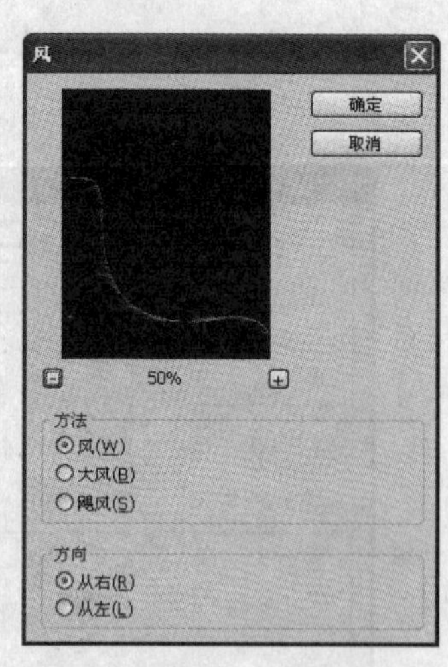

图 7-3-6 "风格化"对话框

图 7-3-7 方向为"从右"后效果

步骤 2. 再次选择菜单"滤镜"|"风格化"|"风"命令,更改风的方向为"从左",同样重复几次,效果如图 7-3-8 所示。

步骤3.选择菜单“编辑”|“变换”|“逆时针旋转90度”命令，然后按“Q”键退出快速蒙版，不要取消选择，新建一个图层（“图层2”），并填充为白色，效果如图7－3－9所示。

图7－3－8　方向为“从左”后效果

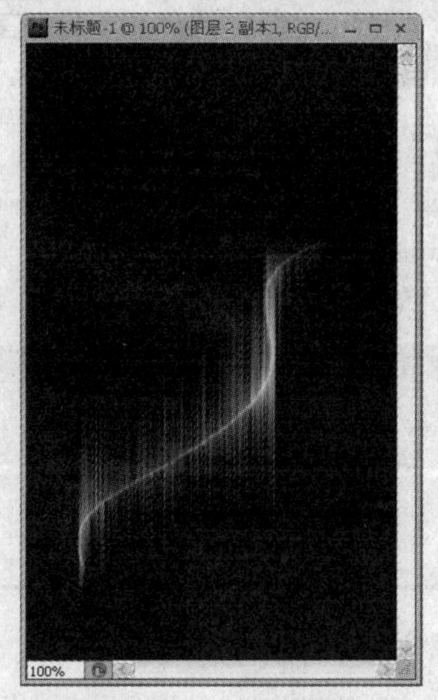

图7－3－9　填充为白色

步骤4.复制“图层2”，生成“图层2副本”。选择“图层2”，选择菜单“模糊”|“动感模糊”命令，在“动感模糊”对话框中进行设置，如图7－3－10所示。

步骤5.再次选择“图层2”，选择菜单“滤镜”|“模糊”|“动感模糊”命令，在“动感模糊”对话框中进行设置，如图7－3－11所示。合并“图层2”和“图层2副本”，命名为“光”。

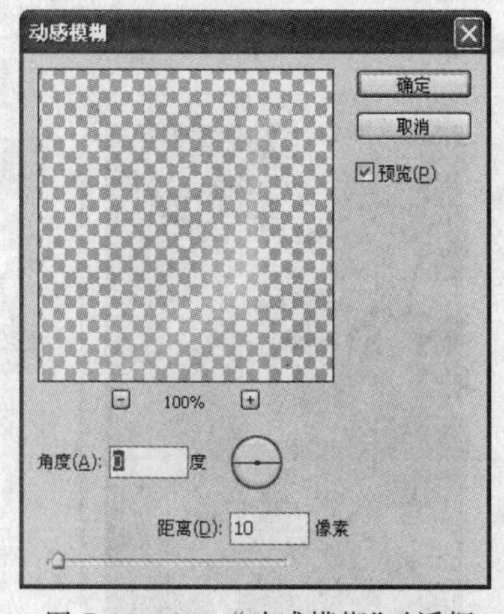

图7－3－10　“动感模糊”对话框

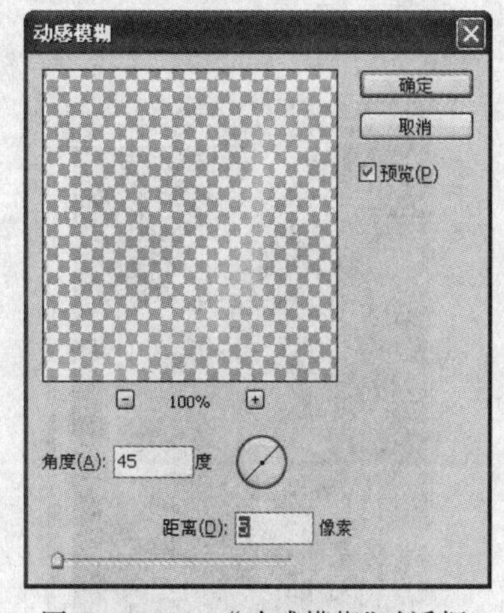

图7－3－11　“动感模糊”对话框

7.3.4　添加颜色

步骤1.按“Ctrl”键并单击极光层，载入选区，然后新建一个图层，用渐变工具填充颜色，颜色设置如图7－3－12所示。图层混合模式设置为“颜色”，效果如图7－3－13所示。

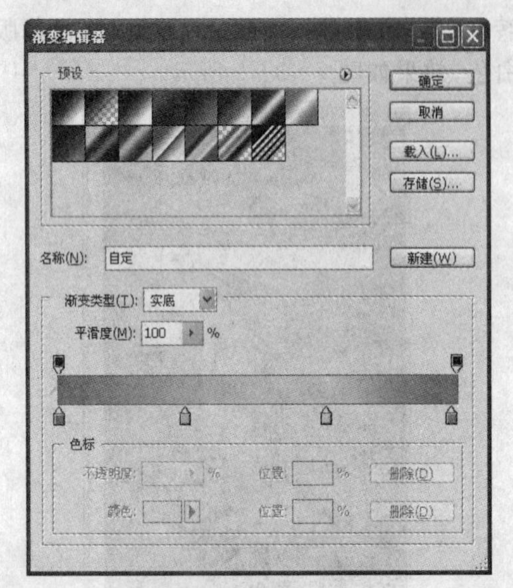

图 7-3-12　渐变颜色设置

图 7-3-13　效果图

步骤 2. 选择菜单“滤镜”|“艺术效果”|“粗糙蜡笔”命令进行润色。

步骤 3. 复制“图层 2”，得到“图层 2 副本”，加深颜色，并合并“图层 2”和“图层 2 副本”，命名为“光 2”。将“光 2”图层复制两次，得到 3 道光束。

步骤 4. 选择菜单“编辑”|“变换”|“变形”命令，将 3 道光束进行变形达到满意的效果，如图 7-3-14 所示。新建一个图层，选择不同类型的画笔样式制作出星点效果。最终效果如图 7-3-15 所示。

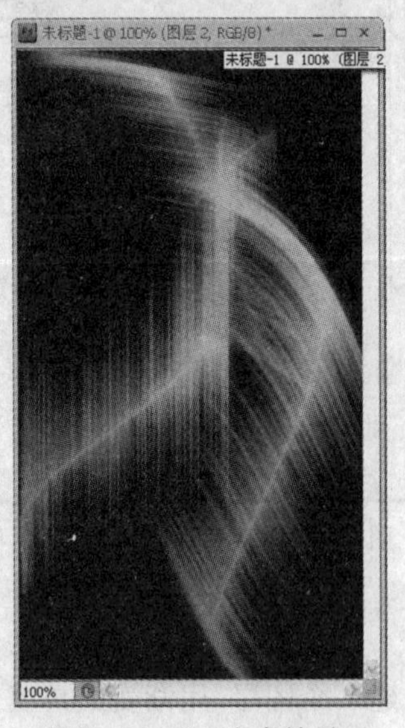

图 7-3-14　光束效果

图 7-3-15　最终效果

7.4 拓展案例:海报制作

7.4.1 案例说明

本案例主要用 Photoshop 设计具有童趣的海报效果。本案例主要利用滤镜将人物照片制作成水彩画的效果,并结合卡通图案背景,实现充满童趣的海报效果。

7.4.2 制作水彩画风格海报

步骤 1. 打开人物素材图“小女孩”,如图 7-4-1 所示,给人物图层进行“色阶”调整,调整图层如图 7-4-2 所示,将人物整体变亮。

图 7-4-1 小女孩素材图

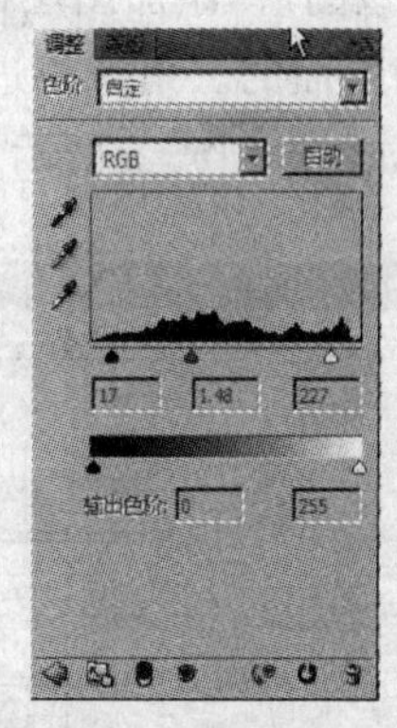

图 7-4-2 色阶调整面板

步骤 2. 复制人物图层,并同时按下“Ctrl”+“Shift”+“U”快捷键给图片去色,效果如图 7-4-3 所示。再复制去色后的人物图层,按“Ctrl”+“I”快捷键反相,图层混合模式设置为“颜色减淡”,效果如图 7-4-4 所示。

图 7-4-3 去色

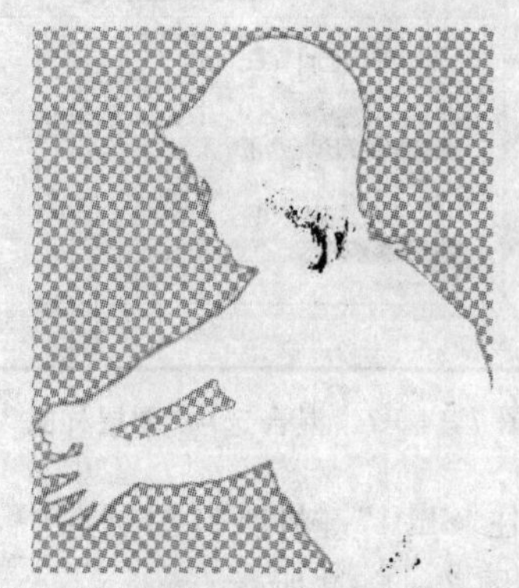

图 7-4-4 颜色减淡

步骤 3. 选择菜单“滤镜”|“其它”|“最小值”命令,在“最小值”对话框中进行设置,如图 7-4-5 所示,效果如图 7-4-6 所示。

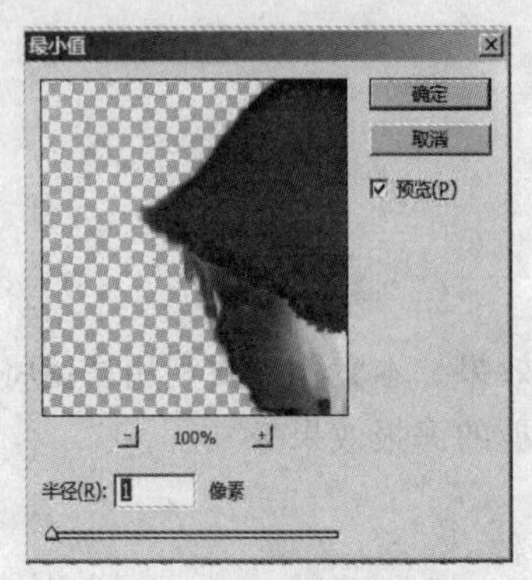

图 7-4-5 “最小值”对话框

图 7-4-6 “最小值”效果图

步骤 4. 双击该图层，添加图层样式，在混合选项“图层样式”对话框中，将“混合颜色带”设置为“灰色”，并拖动下面的三角滑块进行调整，如图 7-4-7 所示，图像明暗对比和线条深浅会有些微变化。效果如图 7-4-8 所示。

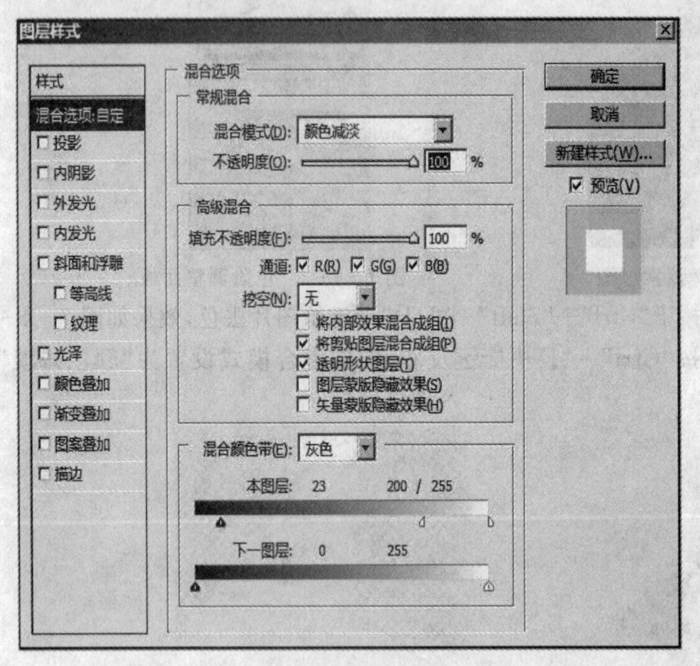

图 7-4-7 混合选项“图层样式”对话框

图 7-4-8 效果图

步骤 5. 按住“Shift”键将所有图层选中，并按“Ctrl”+“Shift”+“Alt”+“E”快捷键，盖印图层，图层面板如图 7-4-9 所示。

步骤 6. 复制“盖印图层”，选择菜单“滤镜”|“模糊”|“高斯模糊”命令，参数设置如图 7-4-10 所示，把图层混合模式改为“线性加深”，效果如图 7-4-11 所示。

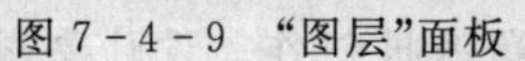

图7-4-9 "图层"面板　　图7-4-10 设置高斯模糊　　图7-4-11 "高斯模糊"效果图

步骤7.复制"背景"图层,并放于所有图层之上,图层混合模式设置为"颜色",效果如图7-4-12所示。

步骤8.新建一个图层,用画笔工具填充颜色,绘制睫毛、头发等,适当调整图层的透明度,上色完成后,将所有的图层合并。效果如图7-4-13所示。

图7-4-12 设置"颜色"后效果图　　图7-4-13 画笔添加颜色后效果图

步骤9.打开"水彩画"素材,并将"小女孩"图片插入此文档中,调整图片位置,效果如图7-4-14所示。此时水彩画风格海报全部完成。

图7-4-14 最终效果

小结与练习

本章小结

本章以海报设计为主题，通过3个案例讲解了滤镜的使用方法，读者能够结合Photoshop的其他工具制作出优秀的海报作品。

练　习

1. 以“2010南非世界杯”为主题，进行自己心中世界杯球队的主题海报创作。设计要求创意新颖、色彩明快，内涵丰富、体现时代感和艺术性。

2. 以“我的低碳生活”为主题设计公益海报。

第 2 篇

CorelDRAW 部分

第8章 CorelDRAW 基本绘图技巧

本章将介绍在 CorelDRAW X4 中绘制基本图形、编辑图形轮廓以及如何编辑图形轮廓色和图形填充颜色的方法。掌握使用各种工具绘制，并对图形进行简单的填充。

8.1 CorelDRAW 基本绘图知识

8.1.1 绘制线条

美丽的图形都是由线条构成的，常用绘制线条的工具有手绘工具、贝塞尔工具和钢笔工具等。

1. 手绘工具

手绘工具可以绘制出直线段、斜线、曲线等各种线条，并且还能绘制各种各样的图形。

(1)绘制直线段

选择工具箱中的“手绘工具”，光标变成“十”字状后将鼠标指针移动到需要绘制的直线段的起始位置单击，然后移动鼠标指针到直线段的终点位置再次单击，可绘制出一条直线段，如图 8-1-1 所示。在绘制直线段的同时按住“Ctrl” 键，可以旋转角度为 15 的倍数进行斜线的绘制，图 8-1-2 中所绘制的斜线旋转角度为−15°。

图 8-1-1 绘制直线段　　　　图 8-1-2 绘制斜线

(2)绘制曲线

用手绘工具绘制曲线的操作方法如下。

① 选择手绘工具，移动鼠标指针到需要绘制曲线的起始位置。

② 按住鼠标左键并按照所需的轨迹拖曳，完成时松开鼠标即可绘制出曲线，如图 8-1-3 所示。

(3)绘制封闭图形

绘制封闭图形的操作方法如下。

① 选择手绘工具，并移动鼠标指针到图形的起始位置。

② 按住鼠标左键任意拖曳，最后回到起点处，出现如图 8-1-4 所示的符号时松开鼠标，封

闭图形绘制完成。

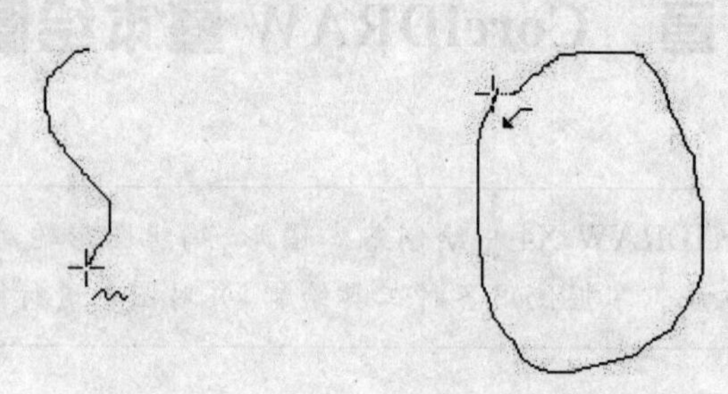

图8-1-3 绘制曲线　　图8-1-4 绘制封闭图形

2. 贝塞尔工具

选择"贝塞尔工具"，默认状态下其属性栏不可用，只有在绘制好线条后，在选择线条的情况下贝塞尔工具属性栏才可用。

(1)绘制连续线段

使用贝塞尔工具可以很方便地绘制连续的线段。选择贝塞尔工具，在页面内依次单击即可绘制出连续线段，绘制完成后可按回车键结束，如图8-1-5所示。

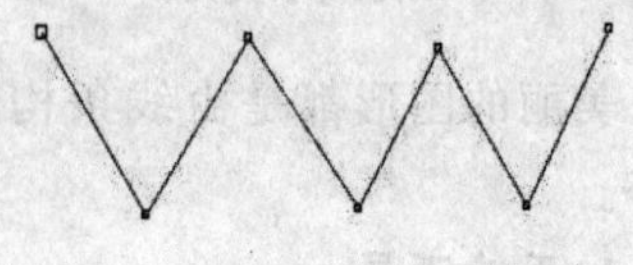

图8-1-5 绘制连续线段

(2)绘制曲线

用贝塞尔工具绘制曲线的方法同手绘工具相似，易于控制和修改，其操作方法如下。

① 选择贝塞尔工具，在页面内单击，绘制第1个节点，如图8-1-6所示。

② 确定第2个节点位置后，单击并按住鼠标左键向右下方拖曳，如图8-1-7所示。

③ 确定曲线方向后松开鼠标，在第3个节点处单击，便可绘制如图8-1-8所示的曲线。

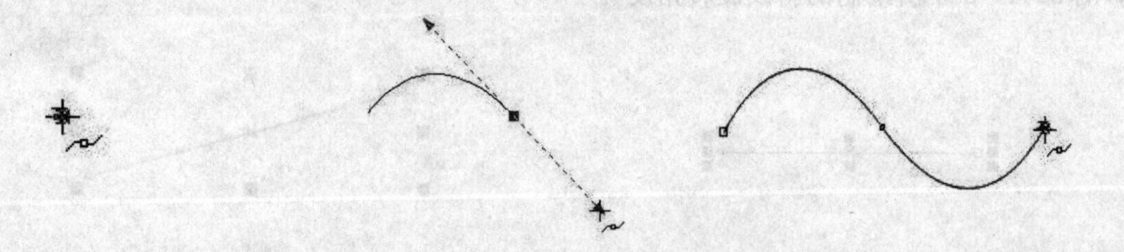

图8-1-6 绘制第1个节点　　图8-1-7 绘制第2个节点　　图8-1-8 绘制第3个节点

3. 钢笔工具

使用钢笔工具可以绘制出各种直线段、曲线与各种形状的复杂图形，而且还可以在绘制的过程中添加和删除节点。在工具箱中选择钢笔工具时，如果页面中没有选择任何对象，其属性栏中显示"预览模式"和"自动添加/删除"两种模式选项。

- "预览模式"：启用此按钮，在绘制路径的时候可预览路径的运行轨迹。
- "自动添加/删除"：启用此按钮，在绘制路径的过程中可添加或删除节点。

使用钢笔工具绘制线条的方法如下。

① 选择钢笔工具，在页面内单击绘制出第1个节点。

② 移到第2个节点处，单击并按住鼠标左键向右下方拖曳。

③ 按住“Alt”键，单击第 2 个节点，此时节点的手柄变为单向的。

④ 移动到第 3 个节点处，再次单击并按住鼠标左键向右下方拖曳，即可绘制出如图 8－1－9 所示的曲线。

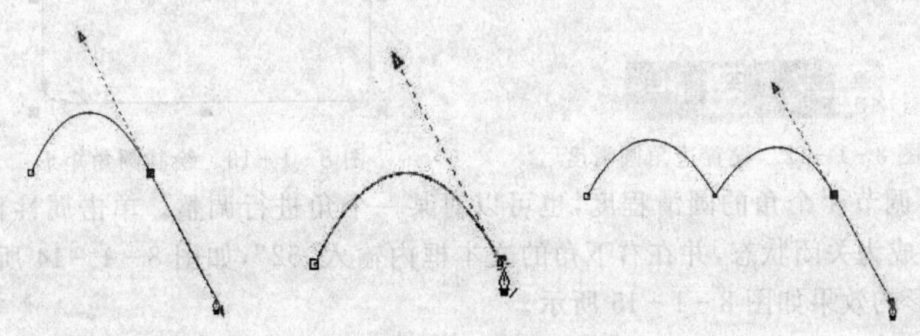

图 8－1－9　钢笔工具绘制曲线

8.1.2　绘制基本图形

1. 矩形工具

(1)绘制基本矩形

使用矩形工具可以绘制出大小不同的矩形、方形与圆角矩形。在工具箱中选择“矩形工具”，可以通过设置属性栏中的边角圆滑度与轮廓宽度来绘制所需的矩形，也可以直接在页面中按下鼠标左键向对角拖动，达到所需的大小后松开鼠标，从而得到所需的矩形。还可以在属性栏中设置所需的参数，来修改绘制好的矩形。绘制矩形的操作方法如下。

① 选择矩形工具，此时光标呈“十”字状，如图 8－1－10 所示。

② 移动鼠标指针到适当位置，按住鼠标左键拖曳。随着鼠标的移动，将出现矩形框，松开鼠标即可完成矩形的绘制，如图 8－1－11 所示

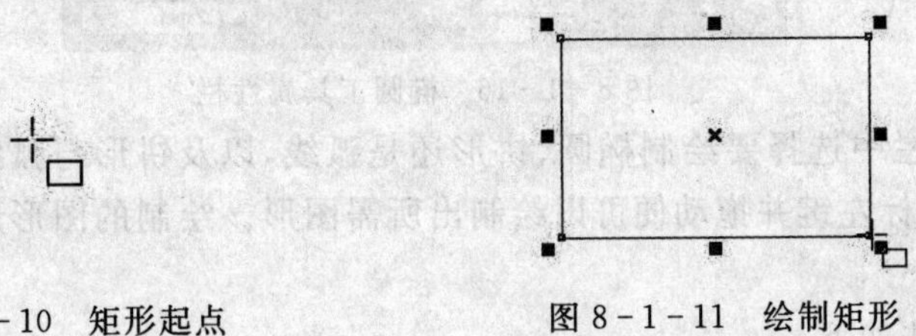

图 8－1－10　矩形起点　　　图 8－1－11　绘制矩形

(2)绘制圆角矩形

利用矩形工具还可以绘制圆角矩形，其操作步骤如下。

① 选择工具箱中的矩形工具，并设置属性栏中的“矩形的边角圆滑度”为 20，如图 8－1－12 所示。

② 移动鼠标指针到页面内，按住鼠标左键拖曳，松开鼠标即可完成圆角矩形的绘制，如图 8－1－13 所示(根据设置的“矩形的边角圆滑度”不同，矩形的边角圆滑度也会不同)。

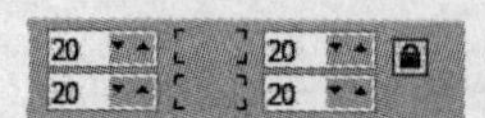

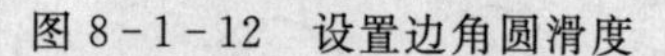

图8-1-12　设置边角圆滑度

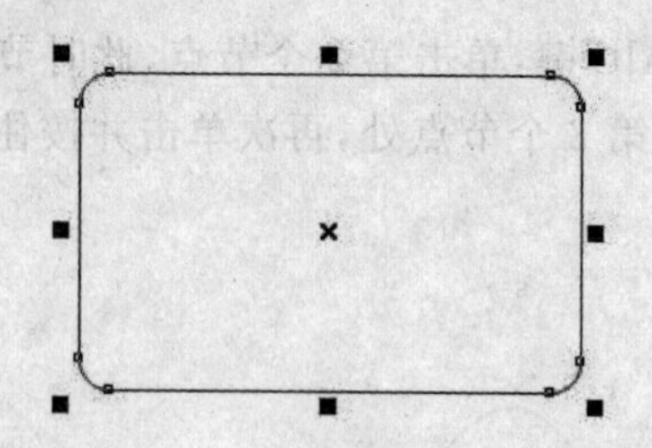

图8-1-13　绘制圆角矩形

可以同时调节4个角的圆滑程度，也可以对某一个角进行调整。单击属性栏中的“全部圆角”按钮，使其成为关闭状态，并在右下角的文本框内输入“52”，如图8-1-14所示。在页面内绘制矩形，矩形的效果如图8-1-15所示。

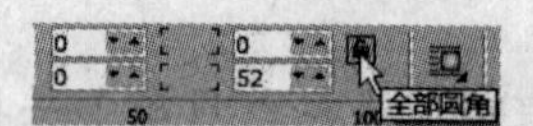

图8-1-14　解除“全部圆角”

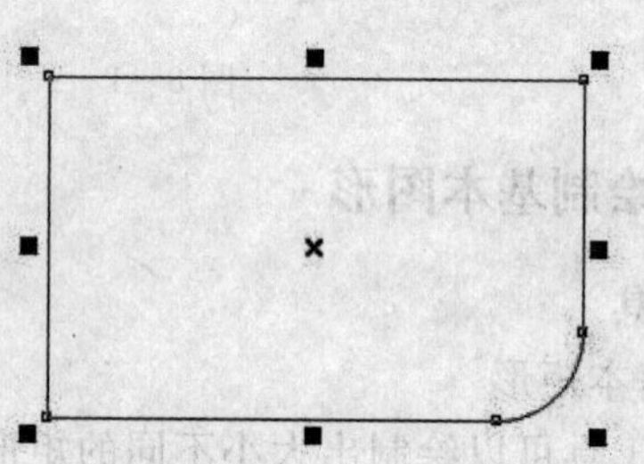

图8-1-15　绘制一个圆角的矩形

2. 椭圆工具

(1)绘制椭圆

使用椭圆工具可以绘制椭圆、圆形、饼形和弧线等图形。

如果页面中没有选择任何对象，在工具箱中选择“椭圆工具”后，属性栏会显示如图8-1-16所示的选项。

图8-1-16　椭圆工具属性栏

可以先在属性栏中选择要绘制椭圆、饼形还是弧线，以及饼形与弧线的起始角度和终止角度，在页面中按下鼠标左键并拖动便可以绘制出所需图形。绘制的图形形状与大小可以在属性栏中进行更改。

绘制椭圆的方法如下。

① 选择椭圆工具，此时光标呈“十”字状，如图8-1-17所示。

② 移动鼠标指针到适当位置，按住鼠标左键拖曳。随着鼠标的移动，将出现椭圆框，松开鼠标即可完成椭圆的绘制，如图8-1-18所示

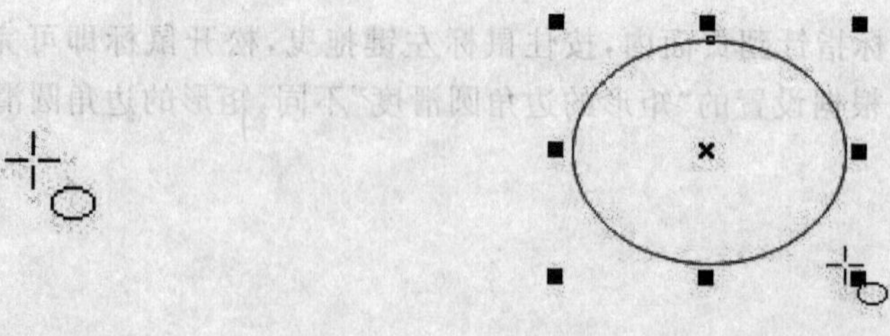

图8-1-17　绘制椭圆起点　　　　图8-1-18　绘制椭圆

(2)绘制饼图和弧线

选择椭圆工具,属性栏设置如图 8-1-19 左图所示。在页面中向右下方拖动鼠标,便可绘制得到如图 8-1-19 右图所示的饼图。

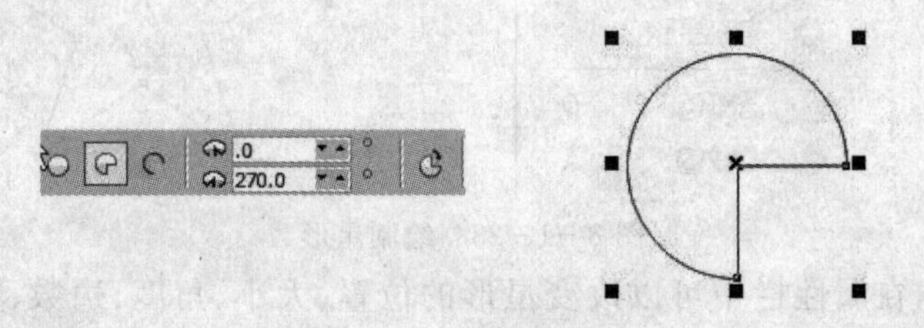

图 8-1-19 绘制饼图

若单击“顺时针/逆时针弧形或饼图”按钮,可得到如图 8-1-20 所示的饼图。

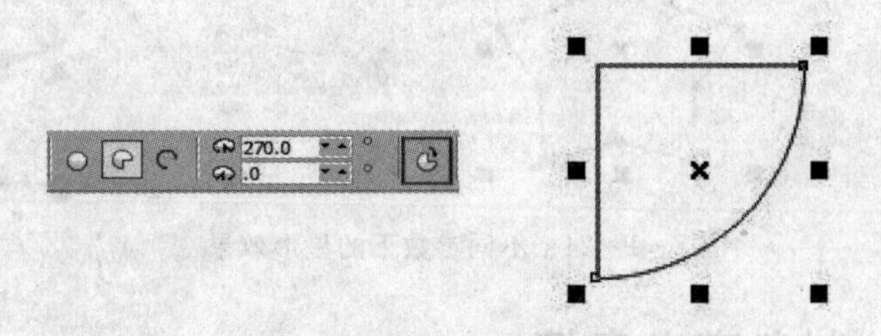

图 8-1-20 绘制饼图

若单击“弧形”按钮,可得到如图 8-1-21 所示的弧线。

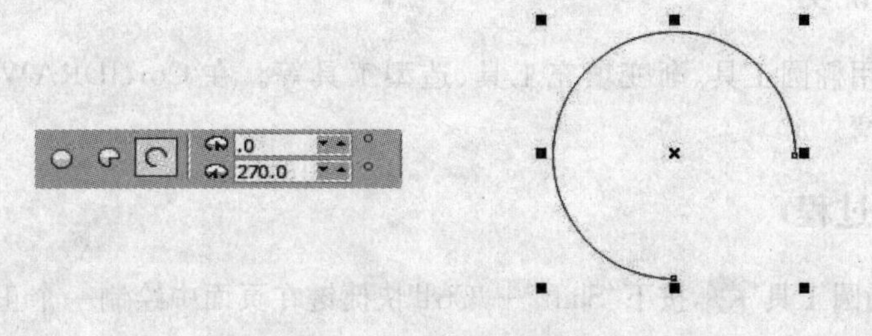

图 8-1-21 绘制弧线

3. 绘制多边形

使用多边形工具可以绘制等边多边形。在工具箱中选择“多边形工具”后,属性栏中“多边形边数”选项为可用状态。设置好所需的多边形边数,在页面中拖动鼠标即可绘制得到如图 8-1-22 所示的多边形。绘制好多边形后,在属性栏中可以改变多边形的位置、大小、旋转度数、边数等。

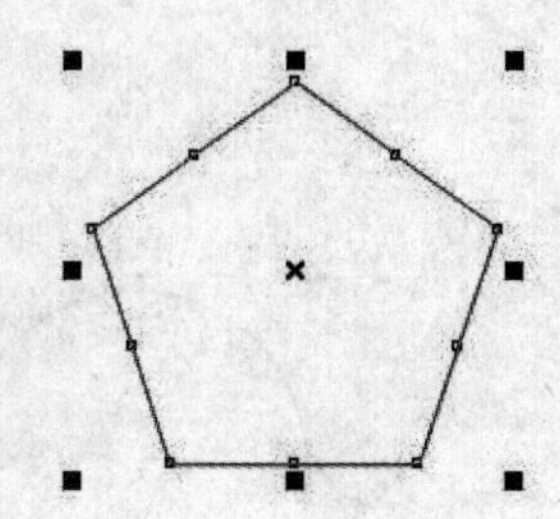

图 8-1-22 绘制多边形

4. 绘制星形

在如图 8-1-23 左图所示的工具组中选择星形工具便可绘制星形。绘制方法与绘制多边形相同,绘制的星形如图 8-1-23 右图所示。

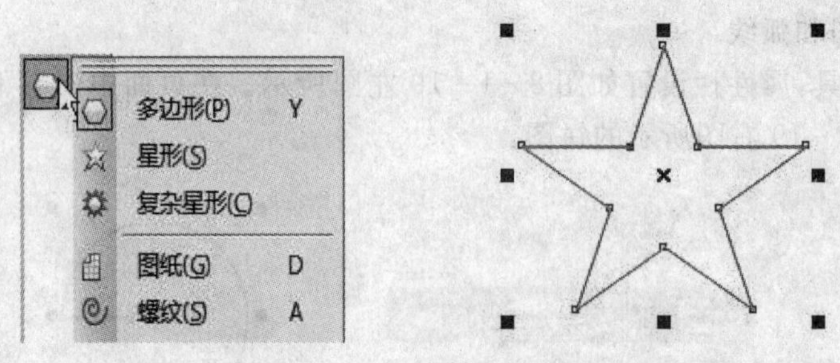

图 8-1-23 绘制星形

星形绘制完毕后，在属性栏中可以改变星形的位置、大小、角度、边数、锐度等值，锐度值越高，星形越尖锐，如图 8-1-24 所示。

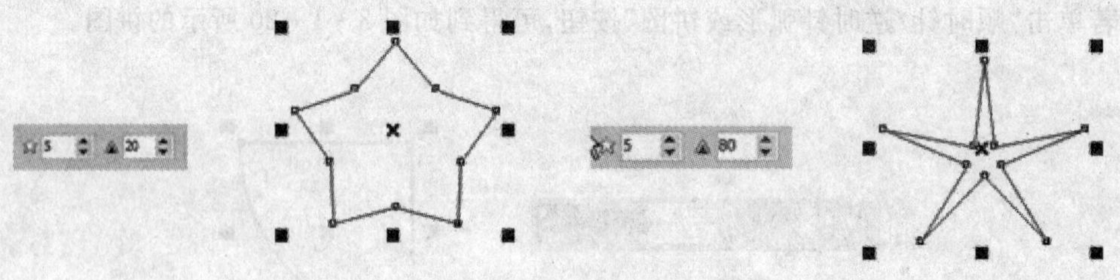

图 8-1-24 不同参数下的星形效果

8.2 案例：绘制自定义表情

8.2.1 案例说明

本案例主要利用椭圆工具、渐变填充工具、造型工具等。在 CorelDRAW X4 软件中绘制卡通风格的自定义表情。

8.2.2 制作过程

步骤 1. 选择“椭圆工具”，按下“Shift”+“Ctrl”快捷键在页面中绘制一个正圆形，如图8-2-1所示。

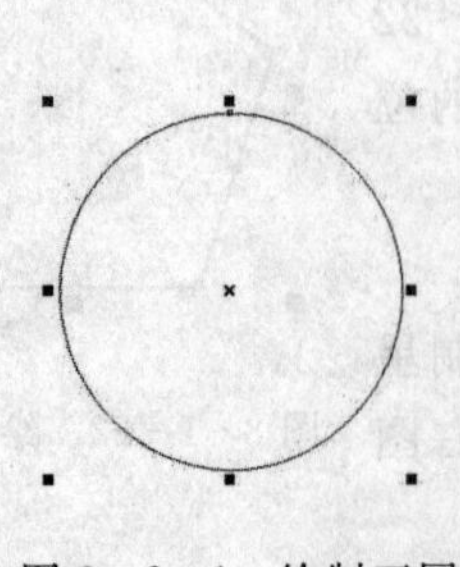

图 8-2-1 绘制正圆

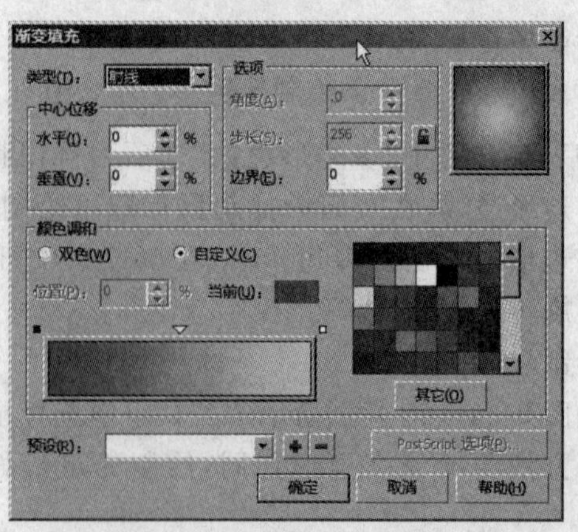

图 8-2-2 “渐变填充”对话框

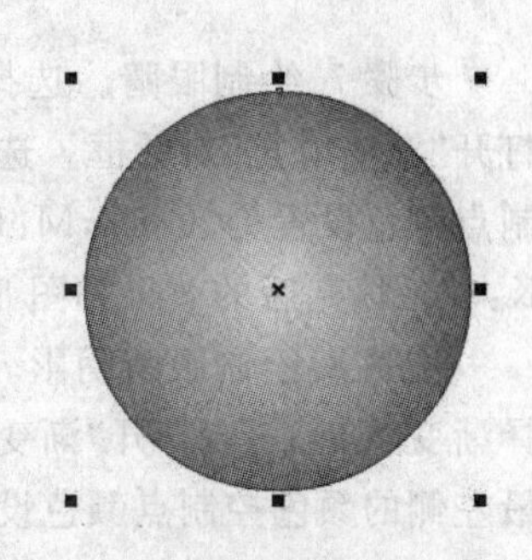

图 8-2-3　填充渐变色

步骤 2. 选定正圆形，选择“渐变填充工具”（或按“F11”键），打开“渐变填充”对话框，如图 8-2-2 所示。选择“类型”为“射线”，“颜色调和”设置为“自定义”。最左侧的颜色控制点颜色设置为“C:0，M:100，Y:100，K:0”。在 50%处单击增加一个控制点，颜色设置为“C:2，M:26，Y:96，K:0”。最右侧的颜色控制点颜色设置为“C:0，M:0，Y:100，K:0”。设置完成后单击“确定”按钮，正圆形填充后的效果如图 8-2-3 所示。

步骤 3. 绘制眉毛。选择“贝塞尔工具”，绘制如图8-2-4 所示的三角形。选择“形状工具”（或按“F10”键），选中三角形上的全部节点，单击工具栏上的“直线转换为曲线”按钮，将直线节点转换为曲线节点，如图 8-2-5 所示。选择其中的节点，调整节点两侧的手柄，调整完后的图形如图 8-2-6 所示。

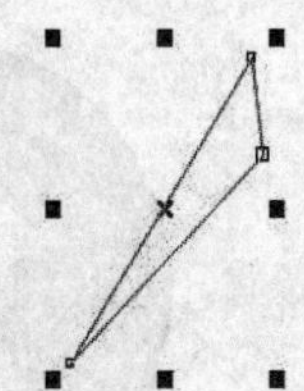

图 8-2-4　绘制三角形

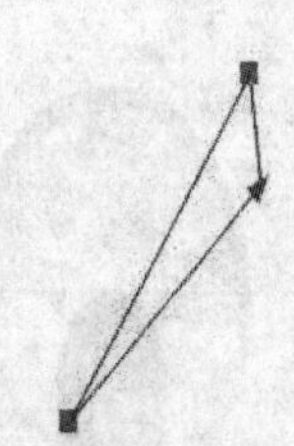

图 8-2-5　转换节点

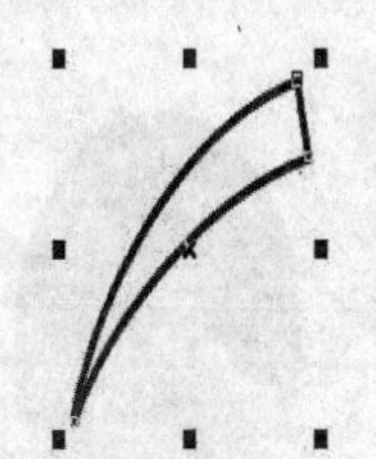

图 8-2-6　调整为眉毛形状

步骤 4. 将调整好的图形填充为黑色，并去掉轮廓如图 8-2-7 左图所示。拖动该图形，在不松开鼠标左键的情况下按下鼠标右键，此时该图形被复制了一份。

步骤 5. 绘制眉毛阴影。选择复制的图形，选择渐变填充工具（或按“F11”键），在打开的“渐变填充”对话框中选择“类型”为“线性”，“颜色调和”设置为“自定义”，如图 8-2-8 所示。最左侧的颜色控制点颜色设置为“C:5，M:0，Y:41，K:0”。在 32%处单击增加一个控制点，颜色设置为“C:10，M:0，Y:82，K:0”。最右侧的颜色控制点颜色设置为“C:0，M:0，Y:100，K:0”。填充后的效果如图 8-2-7 右图所示。

步骤 6. 将“眉毛阴影”放于“眉毛”下方，并将两者全部选定，按下鼠标左键拖动，在不松开鼠标左键的情况下按下鼠标右键，此时便复制出了另一组眉毛。选定复制出的眉毛，单击属性栏中的“水平镜像”按钮，此时眉毛的效果如图 8-2-9 所示。然后将眉毛移至脸部合适的位置。

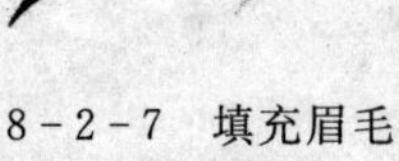

图 8-2-7　填充眉毛阴影

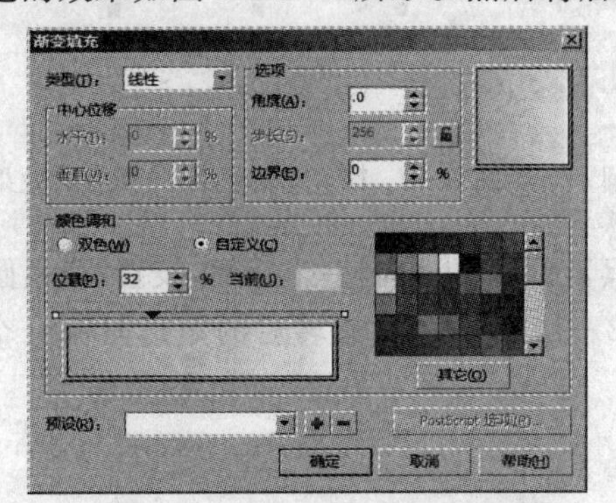

图 8-2-8　“渐变填充”对话框

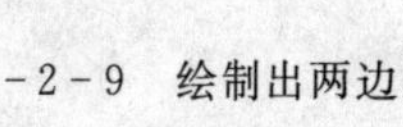

图 8-2-9　绘制出两边眉毛

步骤 7. 绘制眼睛。选择“椭圆工具”，绘制一个椭圆。选择“渐变填充工具” 渐变填充...，打开“渐变填充”对话框。选择“类型”为“射线”，“颜色调和”设置为“自定义”。最左侧的颜色控制点颜色设置为“C：17，M：13，Y：12，K：0”。最右侧的颜色控制点颜色设置为“C：0，M：0，Y：0，K：0”。填充后的效果如图 8-2-10 左图所示。

步骤 8. 绘制眼睛阴影。将绘制出的“眼睛”复制一个，并将复制出的对象进行适当放大。选择渐变填充工具，打开“渐变填充”对话框。选择“类型”为“射线”，“颜色调和”设置为“自定义”。最左侧的颜色控制点颜色设置为“C：17，M：13，Y：12，K：0”。最右侧的颜色控制点颜色设置为“C：0，M：0，Y：0，K：0”。填充后的效果如图 8-2-10 右图所示。

步骤 9. 将“眼睛”放置于“眼睛阴影”之上，并调整好位置。再绘制一个椭圆，并填充为黑色，作为眼球，如图 8-2-11 所示。将绘制好的眼睛复制一个，调整好眼睛的位置，效果如图 8-2-12 所示。

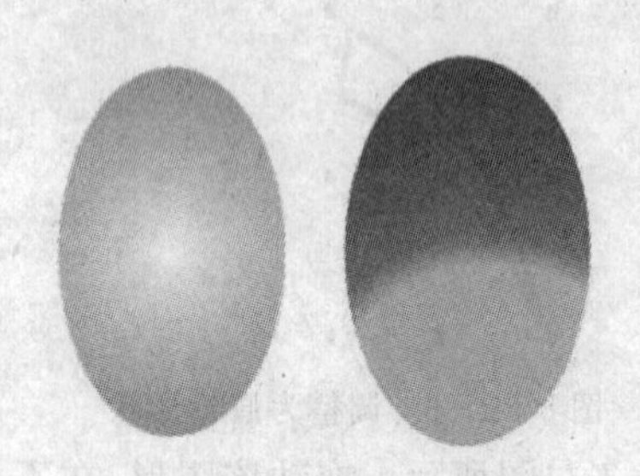

图 8-2-10　绘制眼白及阴影

图 8-2-11　绘制眼睛

图 8-2-12　摆放眼睛位置

步骤 10. 绘制嘴巴。在页面中绘制两个椭圆，位置摆放如图 8-2-13 所示。将两个椭圆选定，单击属性栏上的“移除前面对象”按钮，得到的图形如图 8-2-14 所示。给造型后的对象填充为黑色，效果如图 8-2-15 所示。

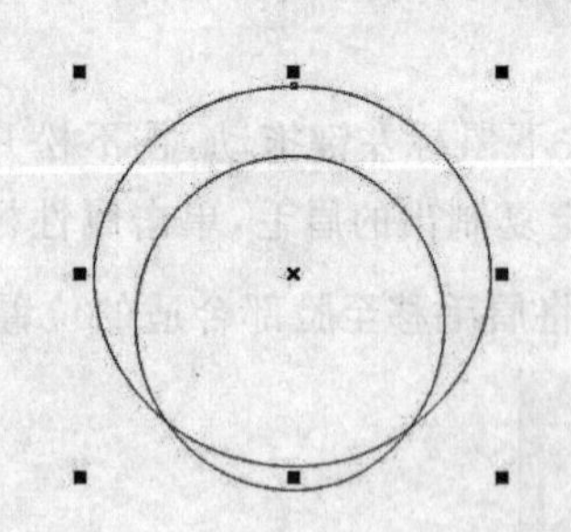

图 8-2-13　绘制两个椭圆

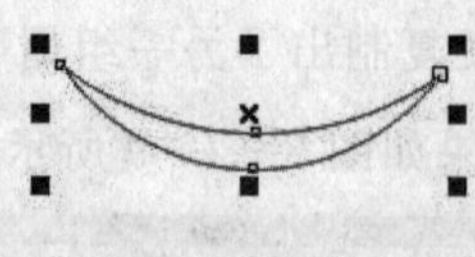

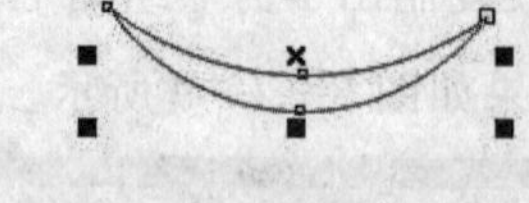

图 8-2-14　移除前面对象后的效果

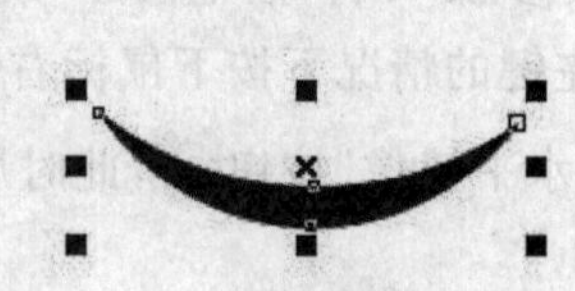

图 8-2-15　填充嘴巴颜色

步骤 11. 选择矩形工具，在页面中绘制一个矩形，设置“边角圆滑度”为 100，调整该矩形的大小，并进行旋转，如图 8-2-16 所示。将旋转后的矩形复制一个，调整好位置，如图 8-2-17 所示。

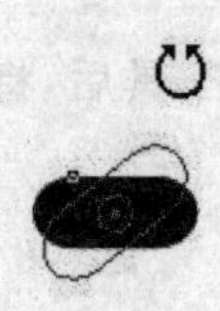

图 8-2-16　绘制嘴角

图 8-2-17　完成嘴巴的绘制

步骤 12. 将图 8-2-17 中的图形全部选中，单击属性栏上的“焊接”按钮，使图形成为一个整体，并将此图形复制一个，作为嘴巴的阴影。

步骤 13. 选择嘴巴阴影部分，选择渐变填充工具，打开“渐变填充”对话框。选择“类型”为“线性”，“颜色调和”设置为“自定义”。最左侧的颜色控制点颜色设置为“C:10，M:10，Y:82，K:0”，27%处控制点颜色设置为“C:10，M:0，Y:82，K:0”，41%处控制点颜色设置为“C:5，M:0，Y:41，K:0”，最右侧的颜色控制点颜色设置为“C:0，M:0，Y:0，K:0”。嘴巴阴影效果如图 8-2-18 所示。

步骤 14. 将嘴巴调整好位置，至此自定义表情绘制完毕，最终效果如图 8-2-19 所示。

图 8-2-18　绘制嘴巴阴影

图 8-2-19　表情绘制完成

8.3　案例：制作大红灯笼

8.3.1　案例说明

本案例通过制作大红灯笼熟悉各种常用工具的用法，了解渐变填充、群组等工具的用法。

8.3.2　制作过程

步骤 1. 选择“椭圆工具”，在页面中绘制一个椭圆。右击调色板中的“红色”，将椭圆的轮廓填充为红色，轮廓宽度设为 0.5 mm，绘制效果如图 8-3-1 所示。

步骤 2. 选中椭圆，选择“渐变填充工具” 渐变填充...，打开“渐变填充”对话框。选择“类型”

为“射线”，“颜色调和设置为“双色”，颜色分别设置为红色和黄色，其他参数不变，设置完后单击“确定”按钮，此时椭圆填充效果如图8-3-2所示。

步骤3.选择“交互式填充工具”来调整填充效果。选择此工具后，将在图形上显示颜色块和箭头，如图8-3-3所示。调整色块可调整颜色的填充范围等。

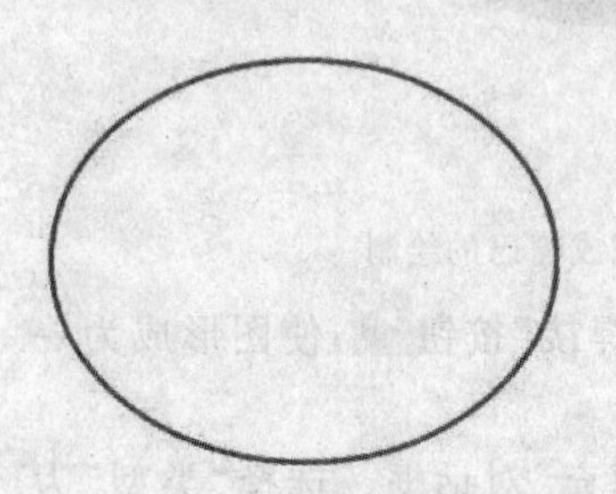

图8-3-1　绘制椭圆

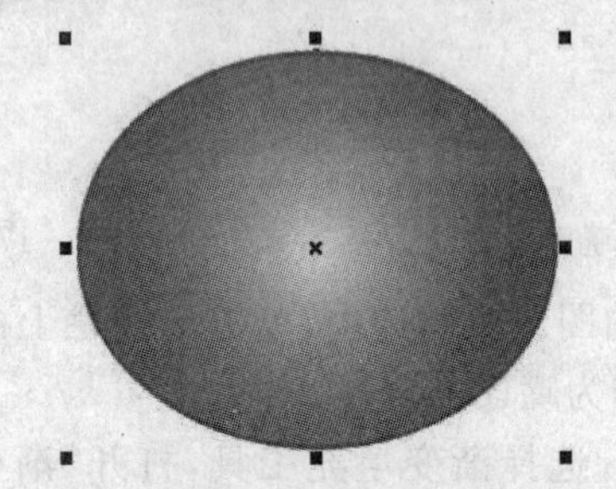

图8-3-2　椭圆填充渐变色

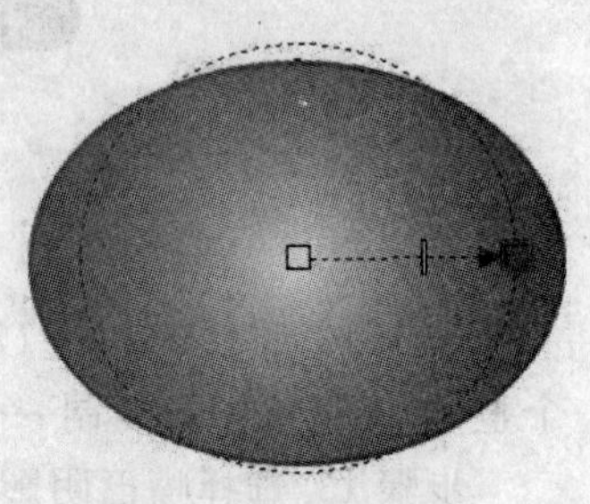

图8-3-3 调整渐变填充

步骤4.选择椭圆，将鼠标指针放在椭圆右侧中间的黑色调整点上，如图8-3-4所示。按下“Shift”键的同时向中间拖动鼠标，拖动到如图8-3-5所示的位置时，再按下鼠标右键，在此位置将复制出一个椭圆，如图8-3-6所示。重复此操作，多次复制椭圆，效果如图8-3-7所示。

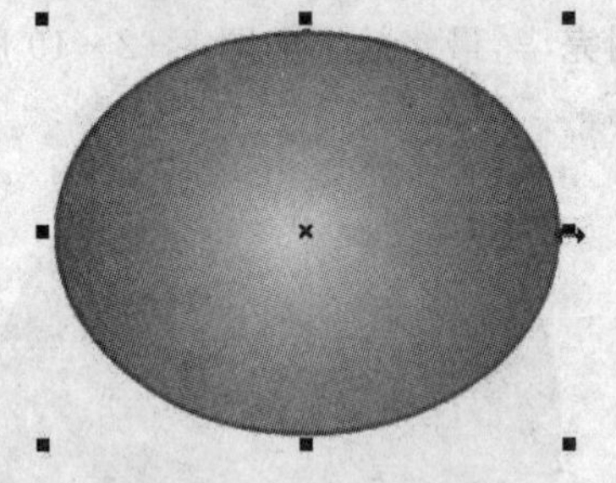

图8-3-4　调整椭圆大小

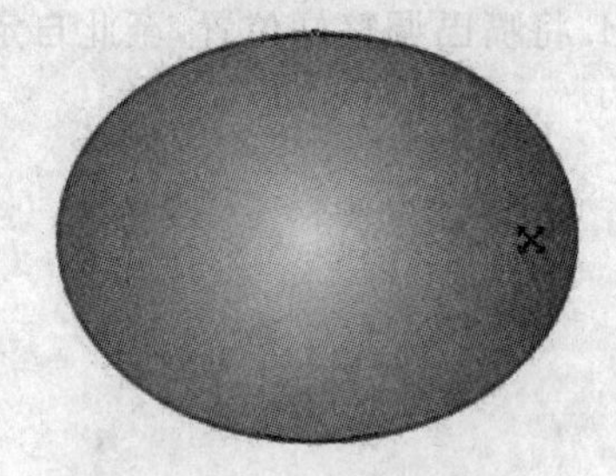

图8-3-5　缩小椭圆

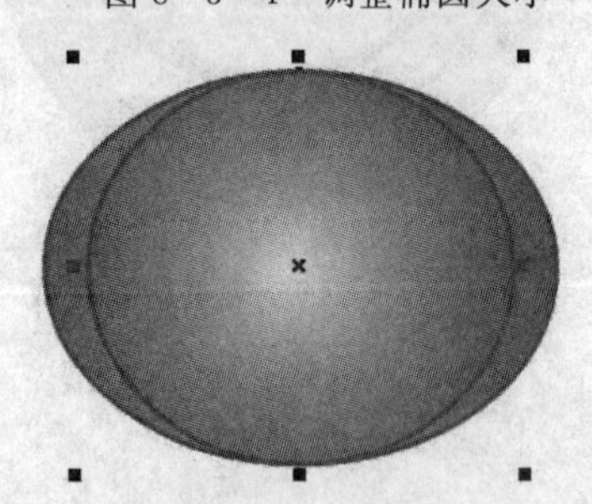

图8-3-6　复制出一个较小的椭圆

图8-3-7　多次复制椭圆

步骤5.选择“矩形工具”，绘制一个小矩形，作为灯笼口。选择“渐变填充工具”渐变填充...，打开“渐变填充”对话框，如图8-3-8所示。选择“类型”为“线性”，“颜色调和”设置为“自定义”。左侧颜色设置为“红色”，右侧颜色设置为“红色”，在50％处颜色设置为“黄色”。设置完后单击“确定”按钮，此时矩形填充效果如图8-3-9所示。

步骤6.将矩形放置到灯笼的顶部，并复制此图形，放到灯笼下方，此时灯笼效果如图8-3-10所示。

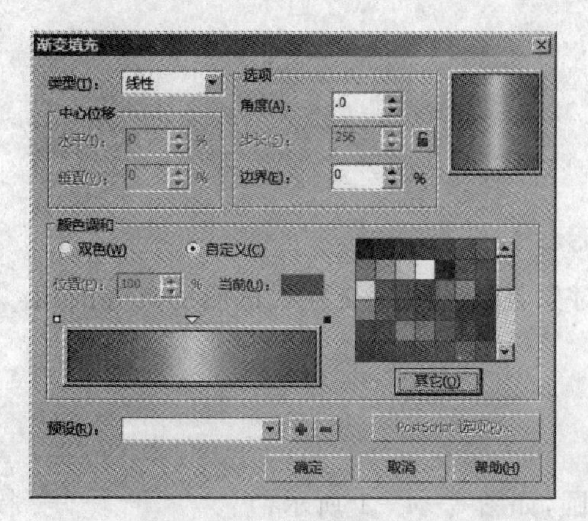

图 8-3-8　“渐变填充”对话框

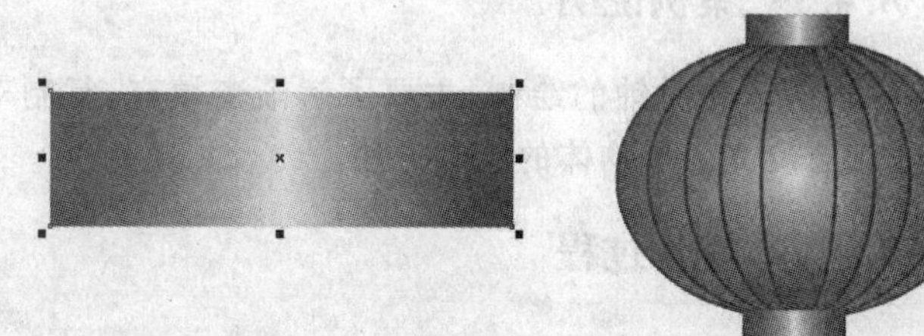

图 8-3-9　填充矩形　　图 8-3-10　制作灯笼罩

步骤 7. 绘制灯笼穗子。选择“钢笔工具” 钢笔(P) ，绘制一条直线段。移动鼠标到调色板中，在“红色”色块上右击，将线段设置为红色，如图 8-3-11 所示。多次复制该线段，并将复制出的线段排列整齐，如图 8-3-12 所示。将所有的线段选中，按“Ctrl”+“G”快捷键将所有线段群组，并将其移至灯笼下方，效果如图 8-3-13 所示。

图 8-3-11　绘制红色线段　图 8-3-12　多次复制线段　图 8-3-13　将线段置于灯笼下方

步骤 8. 选择钢笔工具，在灯笼上方绘制一个提手，并将颜色设置为红色。选择提手，按“Ctrl”+“End”快捷键，将提手放置到灯笼后方。至此，灯笼绘制完成，效果如图 8-3-14 所示。将绘制完成后的灯笼进行复制，在灯笼上添加文字后的效果如图 8-3-15 所示。

图 8-3-14　灯笼绘制完成　　图 8-3-15　在灯笼上添加文字

8.4　拓展案例:制作时钟

8.4.1　案例说明

本案例通过时钟的绘制,主要了解渐变填充、复制对象、旋转对象、交互式透明工具等的用法,学习有反光效果物体的绘制方法。

8.4.2　制作过程

步骤1.绘制表盘。选择“椭圆工具”,绘制一个椭圆,如图8-4-1所示。

步骤2.选择“渐变填充工具” 渐变填充...,给椭圆填充线性渐变,在“渐变填充”对话框中设置起始点颜色为“C:41,M:41,Y:34,K:0”,终点颜色为“C:0,M:0,Y:0,K:10”,角度为“126.5”,边界为10%,如图8-4-2所示。去掉轮廓色,填充后的效果如图8-4-3所示。

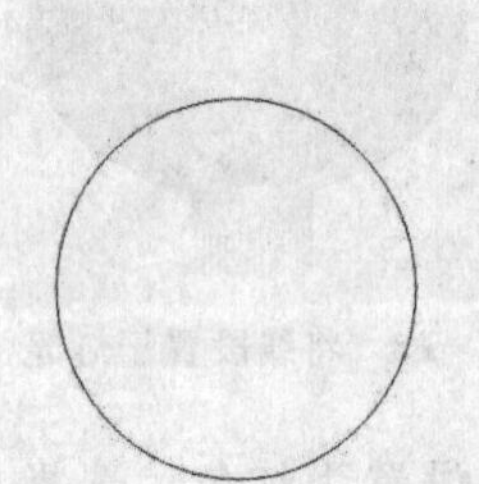

图8-4-1　绘制椭圆

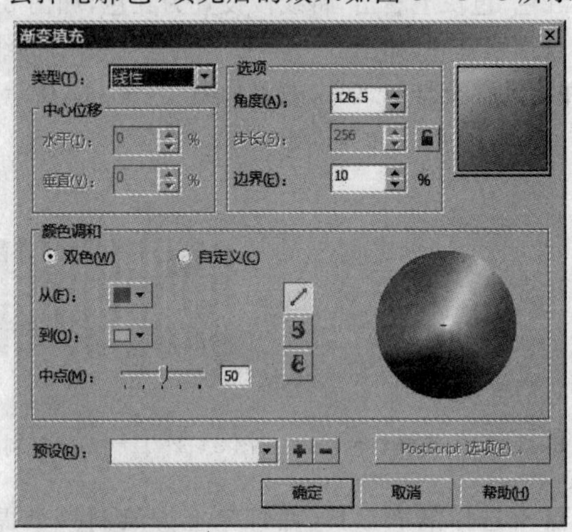

图8-4-2　“渐变填充”对话框

图8-4-3　椭圆填充渐变色

步骤3.选择椭圆,按“+”键,复制椭圆。选中复制出的椭圆,按住“Shift”键,等比例缩小椭圆,单击键盘上的“下”方向键3次,将椭圆向下移至合适的位置,如图8-4-4所示。

步骤4.选择灰色的椭圆,按“+”键,再复制一个椭圆,并填充颜色为“C:0,M:0,Y:0,K:60”,单击键盘上的“上”方向键3次,向上移至合适的位置,效果如图8-4-5所示。

步骤5.选择最上层的椭圆,按“+”键,再复制一个椭圆,将复制出的椭圆填充颜色为“C:0,M:0,Y:0,K:30”,使用键盘上的方向键,将椭圆移至合适的位置,效果如图8-4-6所示。此时表盘制作完成。

图 8-4-4　复制椭圆　　图 8-4-5　复制椭圆并填充深灰色　　图 8-4-6　复制椭圆制作出立体效果

步骤 6. 绘制螺帽。选择最上层的椭圆，并绘制出两条辅助线，使得辅助线的交点与椭圆的中心点重合。选择“椭圆工具”，以辅助线的交点为中心，按下“Ctrl”+“Shift”快捷键绘制一个小正圆形，并填充由黑到白的渐变色，轮廓色为黑色。渐变填充设置如图 8-4-7 所示，填充效果如图 8-4-8 所示。

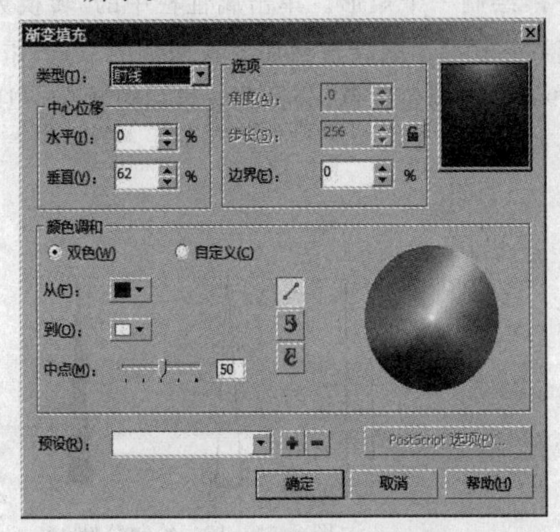

图 8-4-7　“渐变填充”对话框

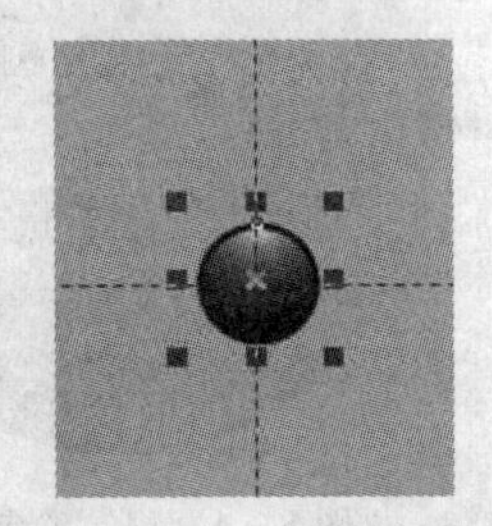

图 8-4-8　绘制螺帽

步骤 7. 绘制刻度。选择“矩形工具”，设置边角圆滑度为 60，绘制一个小圆角矩形。选择“渐变填充工具” 渐变填充，给矩形填充线性渐变，设置起始点颜色为“C:0，M:0，Y:0，K:100”，终点颜色为“C:0，M:0，Y:0，K:40”，轮廓色为黑色，填充后的效果如图 8-4-9 所示。将此矩形移至表盘上部，如图 8-4-10 所示。

图 8-4-9　绘制刻度

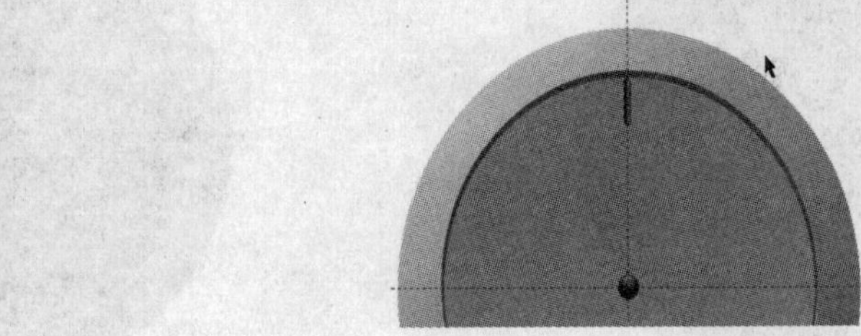

图 8-4-10　刻度置于表盘上适当位置

步骤 8. 选中矩形，将其旋转中心拖动至辅助线的交点处，如图 8-4-11 所示。按下小键盘上的“+”键将矩形复制一个，选中复制的矩形，在属性栏中将旋转角度改为 90°，效果如图 8-4-

12所示。按照同样的方法复制两个矩形，并将矩形的旋转角度分别设置为180°和270°，完成后的效果如图8－4－13所示。

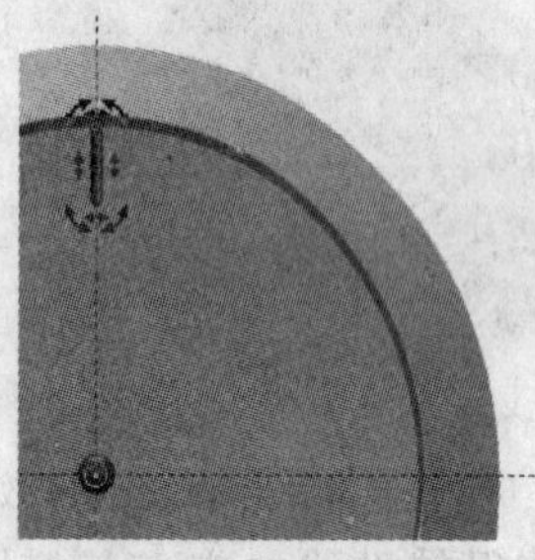

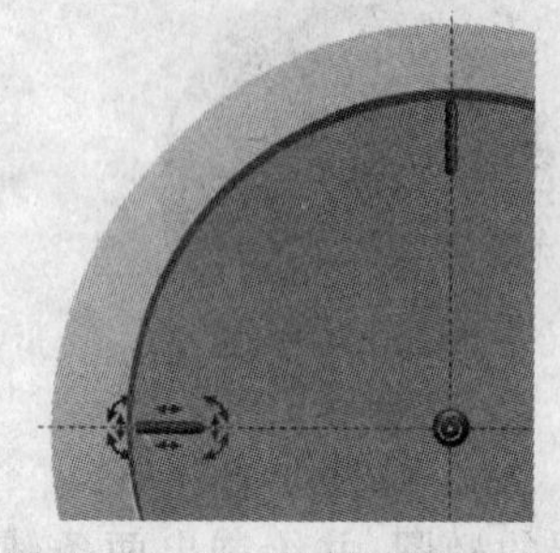

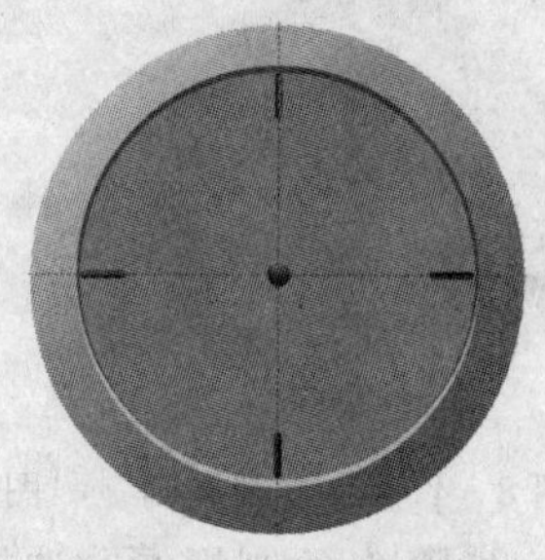

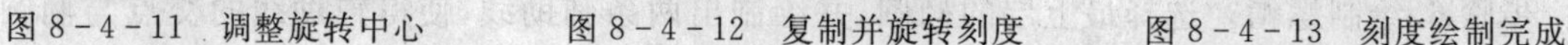

图8－4－11　调整旋转中心　　图8－4－12　复制并旋转刻度　　图8－4－13　刻度绘制完成

步骤9.按照步骤7和步骤8中的方法，绘制一个更小的矩形，继续制作时钟刻度。刻度绘制完后的效果如图8－4－14所示。

步骤10.绘制分针。选择“矩形工具”，绘制一个矩形。单击属性栏中的“转换为曲线”按钮，将矩形转换为曲线，在矩形上方添加一个节点。删除新添加节点两侧的节点，矩形变为三角形，将三角形填充为“C:0，M:0，Y:0，K:90”。去掉轮廓色，分针的效果如图8－4－15所示。

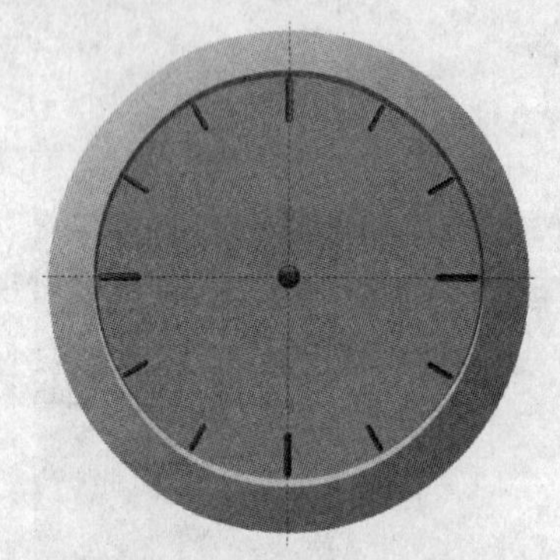

图8－4－14　绘制细刻度

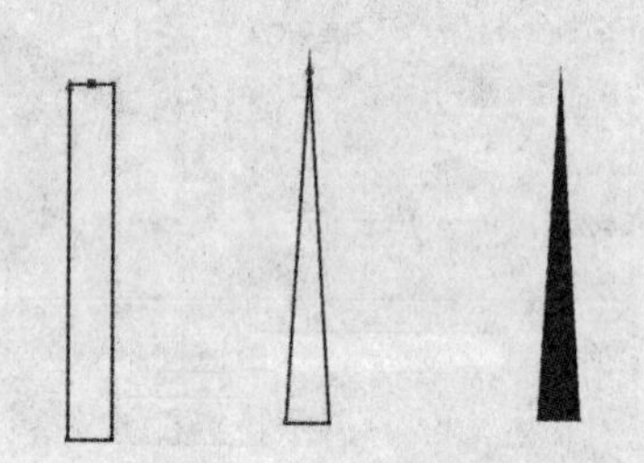

图8－4－15　绘制分针

步骤11.将分针移动到表盘上，并旋转一定的角度，此时会发现分针在螺帽的上方。选择螺帽，按“Ctrl”＋“Home”快捷键将其移动到最上层，效果如图8－4－16所示。按照相同的方法，绘制出时针和秒针，并调整好位置，效果如图8－4－17所示。

图8－4－16　将时针置于螺帽之下

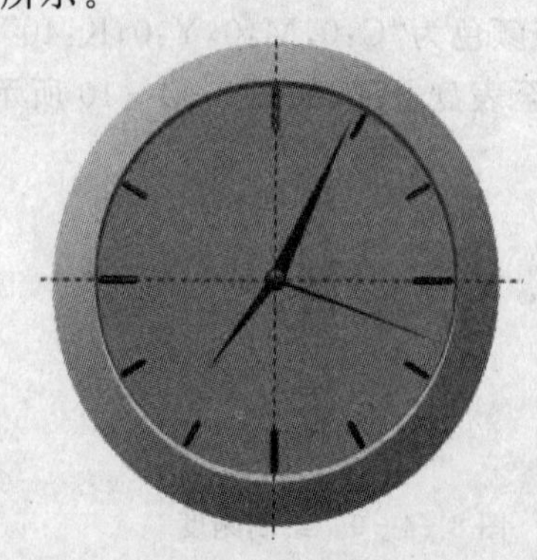

图8－4－17　绘制时针和秒针

步骤12.绘制反光区。将最外层的椭圆拖出来，拖动的同时单击鼠标右键，将椭圆复制一个。选择复制的椭圆,向左上方拖动鼠标到如图 8-4-18 所示的位置,单击鼠标右键,复制一个椭圆,效果如图 8-4-19 所示。

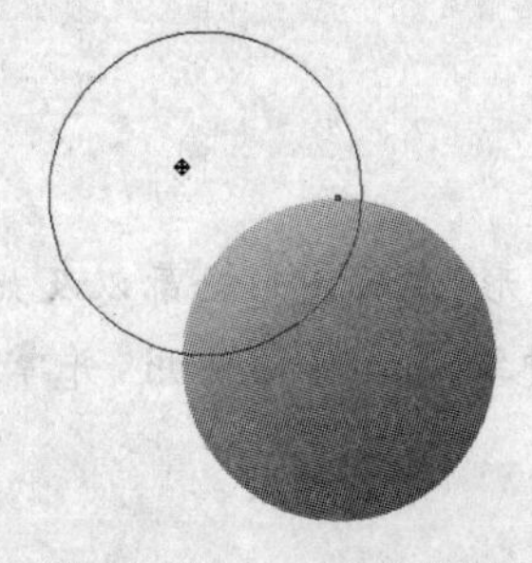

图 8-4-18　移动椭圆

图 8-4-19　复制椭圆

步骤 13. 选中复制出的两个椭圆,单击属性栏上的“相交”按钮,此时两个椭圆相交的部分将成为一个单独的对象,如图 8-4-20 所示。选择此对象,将其填充为白色,并移动到表盘的左上方。选择“交互式透明工具”,将鼠标自对象的左上角拉至右下角,透明效果如图 8-4-21 所示。

图 8-4-20　椭圆相交部分

图 8-4-21　设置透明度

步骤 14. 绘制高光。选择“椭圆工具”,在如图 8-4-22 所示的位置绘制两个白色椭圆,并调整好位置与大小。至此,钟表全部绘制完成,最终效果如图 8-4-22 所示。

图 8-4-22　最终效果

小结与练习

本章小结

本章学习了在 CorelDRAW X4 中如何绘制基本图形、编辑图形轮廓以及如何编辑图形轮廓色和图形填充颜色的方法。通过案例的学习熟悉各种绘制工具的使用，并掌握对图形的填充知识。

练　习

绘制如图 8-1 所示的“芝麻官”图像。

图 8-1 芝麻官

第9章　插画绘制

本章重点介绍插画绘图的技巧，包括变换对象、节点与线段修改、尖突节点、平滑节点与对称节点等。这些知识将融入到后面的插画绘制案例中。

在不断的练习中熟练操作各种绘画技巧，同时希望读者能够举一反三、触类旁通，创作出更多的优秀作品。

9.1　插画基本知识

插画是指插附在书刊中的图画，有的印在正文中间，有的以插页的形式出现，对正文内容起补充说明或艺术欣赏的作用。以上解释主要是针对书籍插图的定义，是一种狭义的解释。

随着社会的发展，现代插画的含义已从过去狭义的概念转变为广义的概念。新的插画定义是指平常所看的报纸、杂志、刊物或儿童图画书里，在文字间所加插的图画，统统称为插画。插画在拉丁文的字义里，原是“照亮”的意思。也就是说它原来是用以增加刊物中文字所给予的趣味性，使文字部分能更生动、更形象地活跃在读者的心中。而在现今各种出版物中，插画的重要性早已远远地超过这个“照亮文字”的陪衬地位。它不但能突出主题的思想，而且还会增强艺术的感染力。

插画是一种艺术形式，作为现代设计的一种重要视觉传达形式，以其直观的形象性、真实的生活感和美的感染力，在现代设计中占有特定的地位，已广泛用于现代设计的多个领域，涉及文化活动、社会公共事业、商业活动、影视文化等方面。

现代插画的形式多种多样，可按传播媒体分类，亦可按功能分类。以媒体分类，基本上分为两大部分，即印刷媒体与影视媒体。印刷媒体包括招贴广告插画、报纸插画、杂志书籍插画、产品包装插画、企业形象宣传品插画等。影视媒体包括电影、电视、计算机显示等。

• 招贴广告插画：也称为宣传画或海报。在广告还主要依赖于印刷媒体传递信息的时代，可以说它处于主宰广告的地位。但随着影视媒体的出现，其应用范围有所缩小。

• 报纸插画：报纸是信息传递最佳媒介之一，它拥有大众化、成本低廉、发行量大、传播面广、速度快、制作周期短等特点。

• 杂志书籍插画：包括封一、封底的设计和正文的插画，广泛应用于各类书籍，如文学书籍、少儿书籍、科技书籍等。这种插画正在逐渐减少，但今后在电子书籍、电子报刊中仍将大量存在。

• 产品包装插画：产品包装使插画的应用更广泛。产品包装设计包含标志、图形、文字 3 个要素。它拥有双重使命：一是介绍产品，二是树立品牌形象。最为突出的特点在于其介于平面与立体设计之间。

• 企业形象宣传品插画：指企业的 VI 设计，包含在企业形象设计的基础系统和应用系统的两大部分之中。

• 影视媒体中的影视插画：指电影、电视中出现的插画。一般在广告片中出现的较多。影视插画也包括计算机荧幕。计算机荧屏如今成了商业插画的表现空间，众多的图形库动画、游戏节目、图形表格，都成了商业插画的一员。

9.2 插画工具使用技巧

9.2.1 变换对象

变换对象主要是对位置、方向、大小进行操作，不会改变对象的基本形状和特征。

1. 位置变换

位置变换是通过移动对象来完成的。在工具箱中选择挑选工具选中需要移动的对象，按住鼠标左键并拖动即可移动对象。在移动对象的同时按住“Ctrl”键，可以使对象仅在水平或垂直方向上移动。

通过选择挑选工具可以精确地移动对象。在属性栏最左侧的坐标框中显示了对象的 X、Y 坐标值 x: .0 mm y: .0 mm 87.154 mm 67.195 mm，如要精确地移动对象，只要更改 X、Y 坐标值即可。

选中要移动的对象后，可以使用键盘上的方向键来移动对象。这种移动方式是以一定的距离增量来进行的，距离增量值可以在挑选工具属性栏中进行设定。

选择图形后，若该“距离增量”设置为“8.0 mm”，则每次按下小键盘上的“下”方向键，图形就向下移动 8 mm。

2. 旋转与倾斜

选择挑选工具，单击需要进行旋转或倾斜的图形，进入旋转与倾斜的编辑模式。这时对象周围的控制点会变成“旋转控制箭头”和“倾斜控制箭头”。

用鼠标沿着“旋转控制箭头”的方向转动控制点，转动的时候会出现蓝色的轮廓线框跟随旋转，旋转到需要的角度后，释放鼠标即可，如图 9-2-1～图 9-2-4 所示。

图 9-2-1 准备旋转的原图

图 9-2-2 轴心在图中心，旋转后的效果图

图 9-2-3 将轴心移至左下角的原图

图 9-2-4 旋转后的效果图

可以通过使用挑选工具的属性栏选项，设定“旋转角度值”来精确旋转对象。常规旋转是围绕对象的旋转轴心来进行的，轴心位置的不同将影响到其旋转的结果。

“倾斜”对象的方法和“旋转”对象的方法基本一致，只是将旋转箭头变成控制倾斜箭头即可，如图 9－2－5 所示。

3. 缩放与镜像对象

选择挑选工具，选中要缩放的对象，然后拖动对象周围的控制点即可缩放对象。按住“Shift”键拖动控制点，可以等比例缩放，按住“Ctrl”键，成倍缩放对象，如图 9－2－6 所示。

图 9－2－5　倾斜后的效果

图 9－2－6　成倍缩放对象

镜像可以将对象在水平或垂直方向上进行翻转。选中对象后，选中控制框左侧居中的控制点向水平方向或垂直方向拖移，直到出现蓝色的虚线框时释放鼠标，即可得到镜像后的图像。操作时按住“Ctrl”键，可以保持对象在镜像后的长宽比例不变，如图 9－2－7 和图 9－2－8 所示。

图 9－2－7　水平镜像

图 9－2－8　等比例垂直镜像

选择挑选工具选中对象后，在属性栏中单击“镜像”按钮，也可以进行垂直或水平翻转。

4. 精确调整大小

“挑选工具”属性栏中的选项设置可以比较精确地调整对象的大小。

通过在属性栏的缩放因素文本框中输入横向和纵向尺寸值可直接调整对象的尺寸。在属性栏的缩放因素文本框 25.8 % 25.8 % 中输入相应参数，设置对象的缩放比例。

在缩放因素文本框的右上角有个锁形按钮，如果锁形是关闭的，对象会按比例进行缩放，如果锁形是打开的，对象含有会按非等比缩放。

5. 旋转并复制

在菜单栏中选择“窗口”|“泊坞窗”|“变换”|“旋转”命令或按“Alt”＋“F8”快捷键，打开“旋转”面板，在“角度”文本框中输入旋转的角度。“中心”选顶区域显示了对象当前中心的水平和垂直位置坐标。可以输入任意“旋转中心”的坐标。选择“相对中心”选项后，即以选取对象为基准，可以在此输入对象的相对中心点坐标，精确设置旋转中心。“旋转中心点”选项区域拥有 9 个可供设定对象旋转中心的点，与被选取对象的控制手柄和中心相对应。单击任意一点，可以将该点设置为对象旋转的中心，此时“中心”选项区域将显示该点的位置坐标(默认的旋转中心点是对象的中心)。

"变换"对话框中的旋转设置如图9-2-9所示,单击"应用到再制"按钮,可以绘制出如图9-2-10所示的精确复制旋转效果。

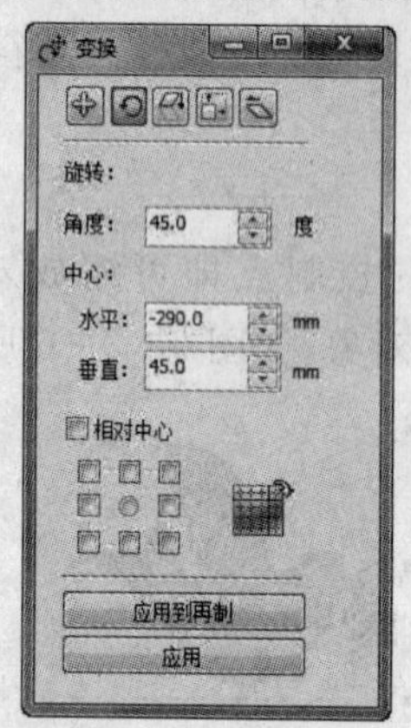

图9-2-9 "变换"对话框的旋转设置

图9-2-10 复制旋转后的效果

9.2.2 节点与线段修改

实际设计工作中,常常需要对操作对象进行高级编辑,如节点编辑操作、自由变形操作等,这些操作的运用可以使设计画面更多变。

选择形状工具改变图形的形状,这些形状的变化都是通过节点的控制实现的。在形状工具的属性栏中有一系列工具选项,可以使用它们对节点进行各种编辑,如图9-2-11所示。

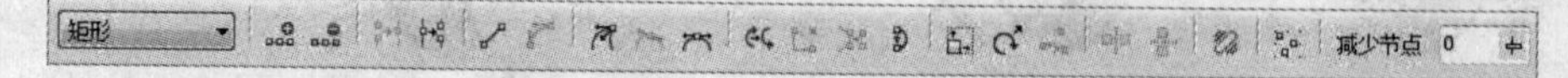

图9-2-11 "形状工具"属性栏

1. 添加节点

选择形状工具,单击要添加节点的位置,在属性栏中单击"添加节点"按钮,完成节点的添加,如图9-2-12所示。选择形状工具后,在图形曲线上双击,可以直接添加新的节点。

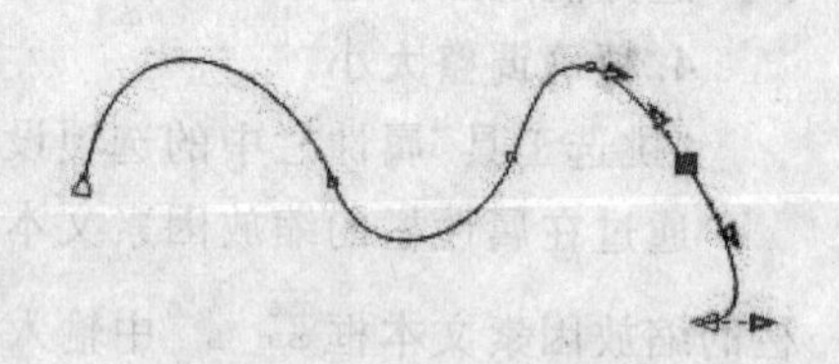

图9-2-12 添加节点

2. 删除节点

选择形状工具,选中要删除的节点,如图9-2-13所示,单击属性栏中的"删除节点"按钮,完成节点的删除,如图9-2-14所示。选择形状工具后在曲线上双击节点,也可以直接删除节点。

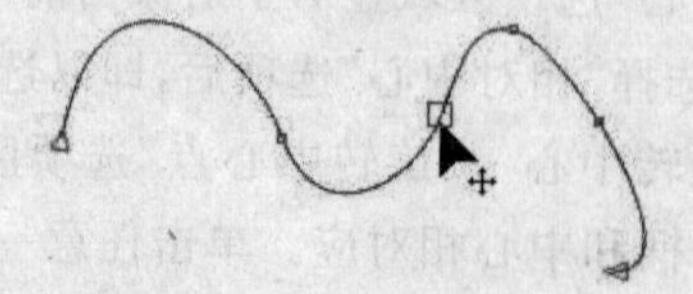

图9-2-13 将鼠标放在要准备删除的节点上

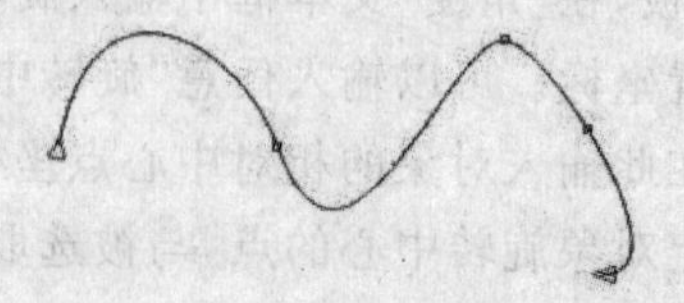

图9-2-14 删除节点

3. 连接曲线

选择形状工具，选择要连接节点的图形，同时选中要进行合并的节点，如图 9-2-15 所示。在属性栏中单击“连接两个节点”按钮，完成节点的连接，效果如图 9-2-16 所示。

图 9-2-15 选中要连接的节点

图 9-2-16 连接后的效果

4. 断开曲线

选择形状工具，单击曲线上要断开处的节点，如图 9-2-17 所示。在属性栏上单击“断开曲线”按钮，即可分割曲线，如图 9-2-18 所示。

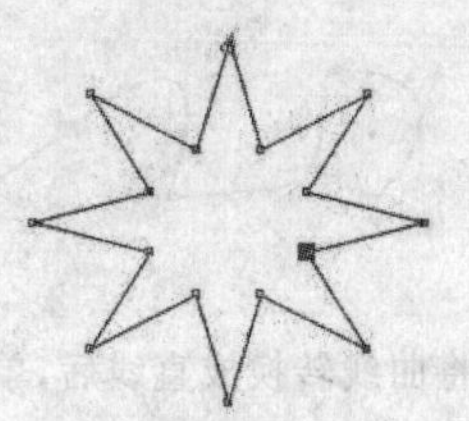

图 9-2-17 单击准备断开处的节点

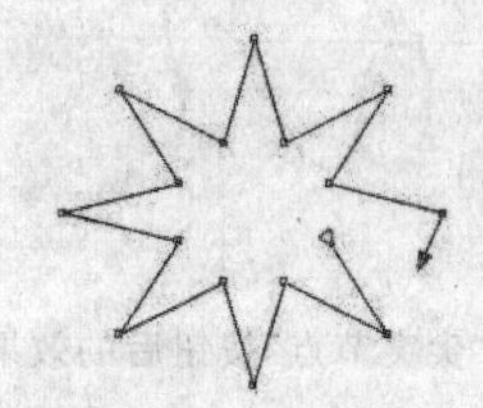

图 9-2-18 单击“断开曲线”按钮后，曲线分割开，拖动其中一个节点的效果

5. 直线与曲线的相互转换

在属性栏中单击“转换曲线为直线”按钮，可以将曲线转换为直线，同时保持对称性，如图 9-2-19 所示。选择形状工具后直接拖动曲线的节点，可以形成各种图形状态，如图 9-2-20 所示。

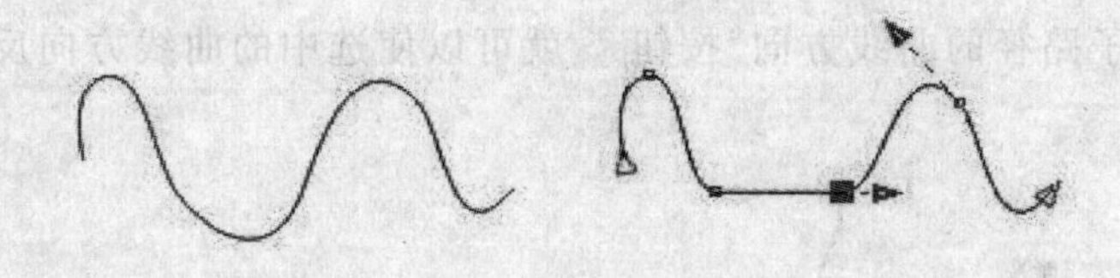

图 9-2-19 将曲线转换为直线

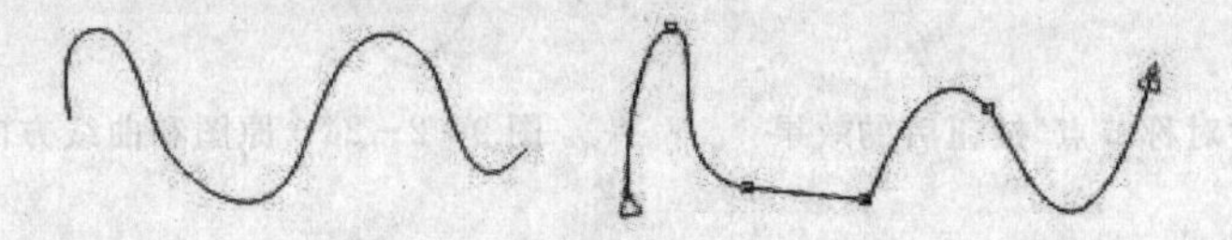

图 9-2-20 使用“形状工具”拖动曲线节点后的形状

9.2.3 尖突节点、平滑节点与对称节点

调整对象形状的时候,根据不同的对象节点有不同的属性,可以转换节点的类型。选择形状工具选中曲线的节点,通过在属性栏中单击“尖突节点”、“平滑节点”、“对称节点”按钮来改变节点的属性。下面讲解这 3 种类型的节点。

1. 尖突节点

“尖突节点”按钮常在曲线转弯或突起的时候用到。两个控制点是相对独立的,也就是说当移动其中一个控制点时,另外一个控制点不会随之移动,所以当一侧的曲线发生变化的时候,另外一边并不会产生变化,如图 9-2-21 所示。

2. 平滑节点

单击“平滑节点”按钮可以生成平滑的曲线,两个控制点是直接相关的,当移动其中一个控制点的时候,另外一个控制点也会随之移动。通过平滑节点连接的曲线将产生平滑的过度,以此来保持曲线的形状,如图 9-2-22 所示。

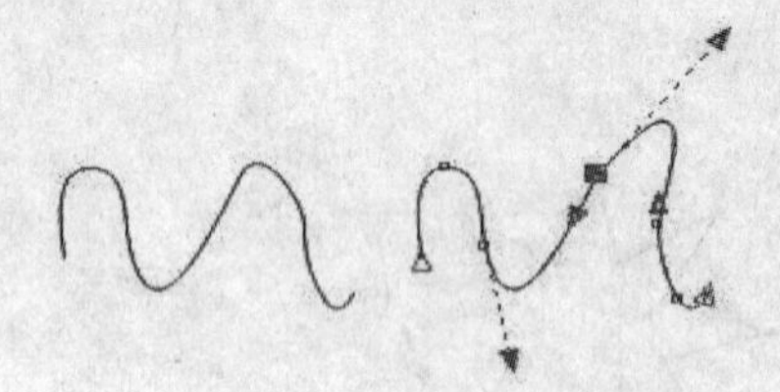

图 9-2-21 单击“尖突节点”按钮后的效果

图 9-2-22 将曲线转换成直线后,单击“平滑节点”按钮后的效果

3. 对称节点

“对称节点”按钮,可以用来连接两条曲线,并可以使两条曲线相对于节点对称。对称节点的两个控制点是相互关联的。在移动其中一个控制点的时候,另外一个控制点也会随之变化,并保持两个控制点到节点的距离相等,从而使节点两边的曲线保持相等的弧度,如图 9-2-23 所示。

4. 反转曲线方向

单击“反转选定子路径的曲线方向”按钮就可以使选中的曲线方向反转,如图 9-2-24 所示。

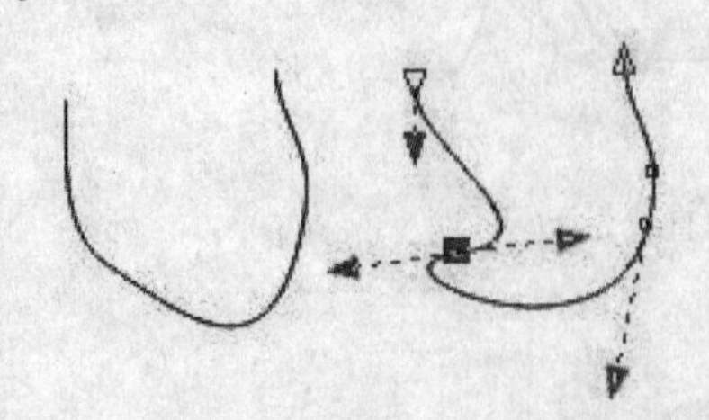

图 9-2-23 使用“对称节点”按钮后的效果

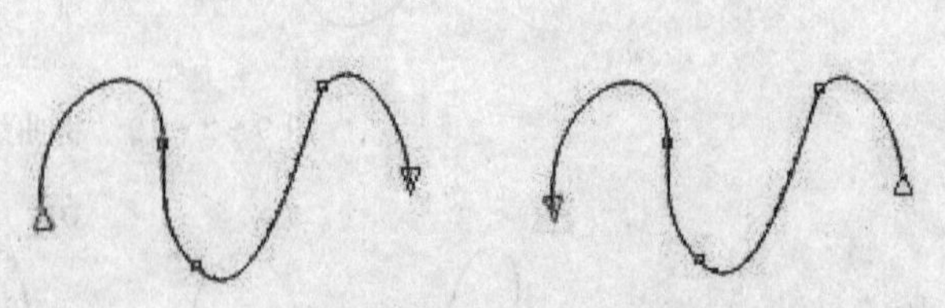

图 9-2-24 原图和曲线方向反转后的效果

5. 摘取线段

选择形状工具选中曲线上需要断开的地方,右击,在快捷菜单中选择“打散”命令断开曲线,

如图 9－2－25 所示。在属性栏上单击“提取子路径”按钮，使用形状工具拖动如图 9－2－26 所示的柄，效果如图 9－2－27 所示。

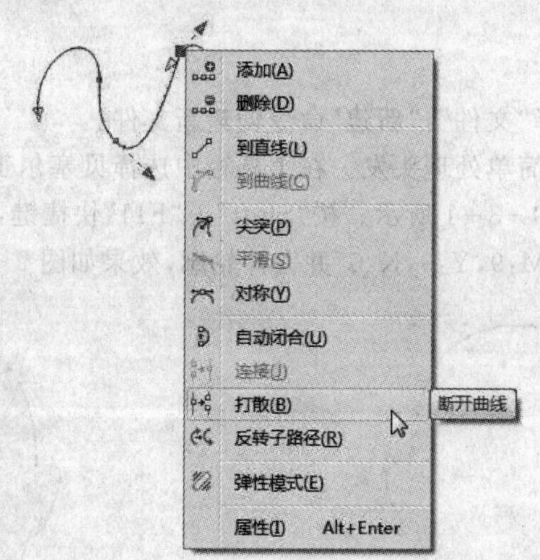

图 9－2－25　选择“打散”命令断开曲线

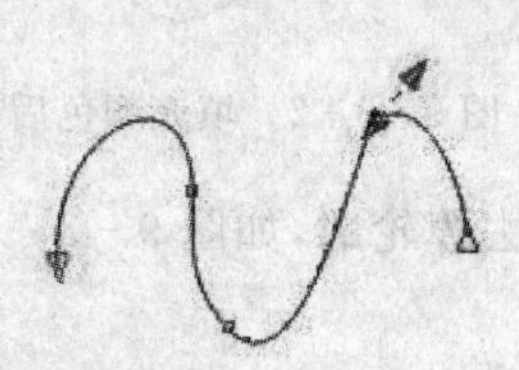

图 9－2－26　单击“提取子路径”按钮后的效果

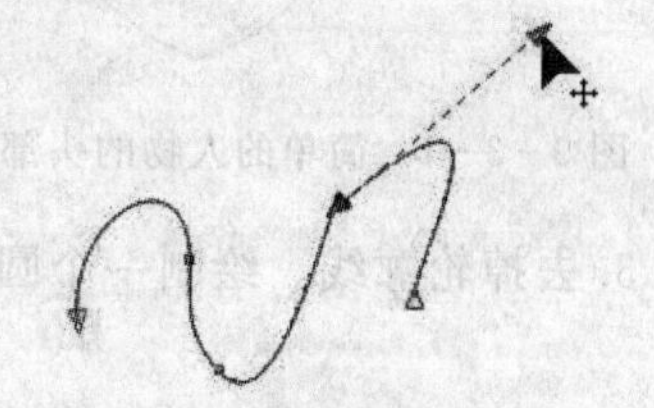

图 9－2－27　拖动柄后的效果

6. 延长封闭曲线

选择形状工具选中要封闭曲线的起始节点和终止节点，如图 9－2－28 所示，在属性栏上单击“延长曲线使之闭合”按钮，可以在两个节点间添加一条线段，形成封闭增长的曲线，如图 9－2－29所示。

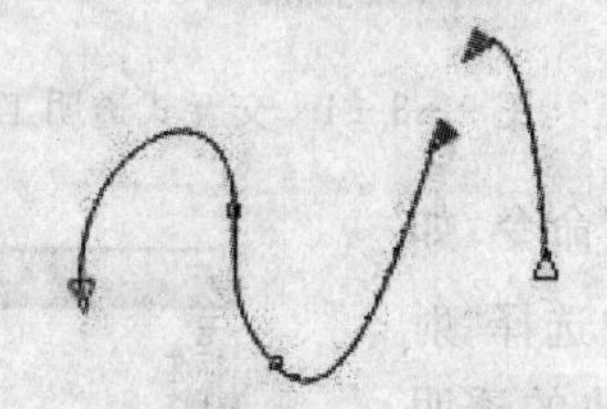

图 9－2－28　选中起始节点和终止节点

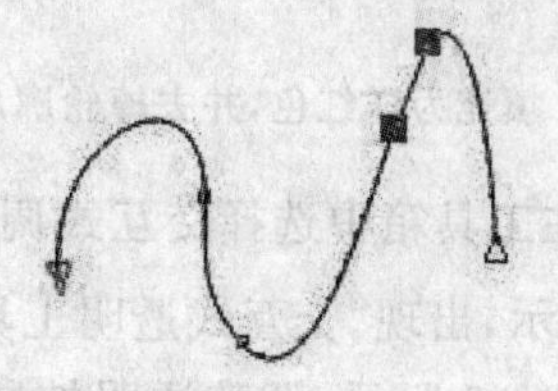

图 9－2－29　在两个节点间添加一条线段

9.3　案例：绘制美女插画

9.3.1　案例说明

本案例主要介绍如何在 CorelDRAW X4 软件中制作“矢量美女插画”。本例的重点是选择贝塞尔工具绘制形状，使用“尖突节点”、“平滑节点”和“对称节点”对图形进行修改，选择交互式透明工具调整颜色效果。

9.3.2 制作过程

步骤 1. 在菜单栏中选择“文件”|“新建”命令创建新文件。

步骤 2. 绘制人物脸部，简单处理头发。在工具箱中选择贝塞尔工具或钢笔工具绘制简单的人物头部和脸部轮廓，如图 9-3-1 所示。按“Shift”+“F11”快捷键，打开“均匀填充”对话框，设置颜色为合适的肤色“C:0,M:9,Y:9,K:0”并去掉轮廓，效果如图 9-3-2 所示。

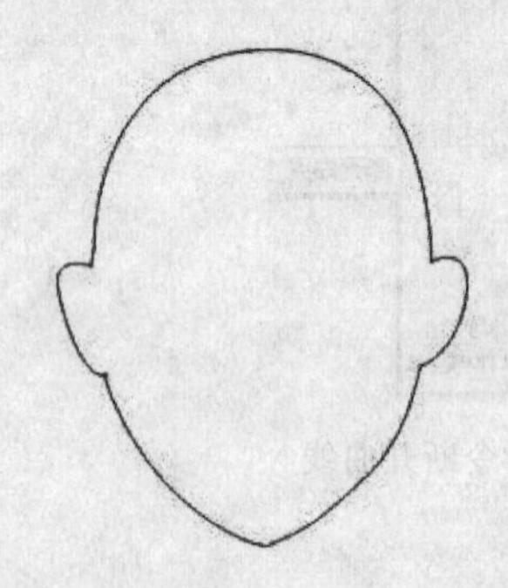

图 9-3-1 简单的人物的头部和脸部轮廓

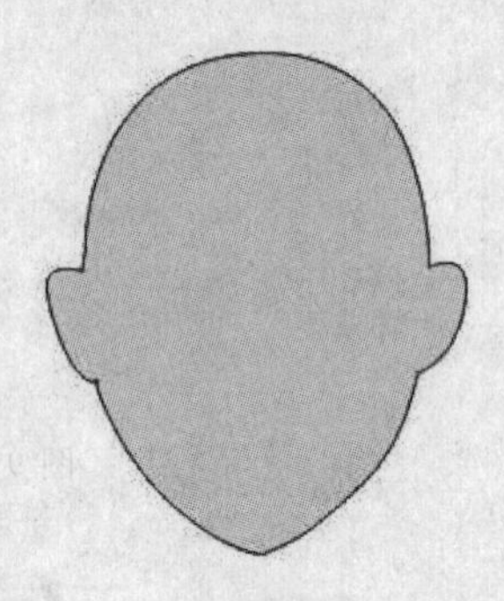

图 9-3-2 填充颜色后的效果

步骤 3. 去掉轮廓线。绘制一个圆形，填充为洋红色，并去掉轮廓，如图 9-3-3 所示。

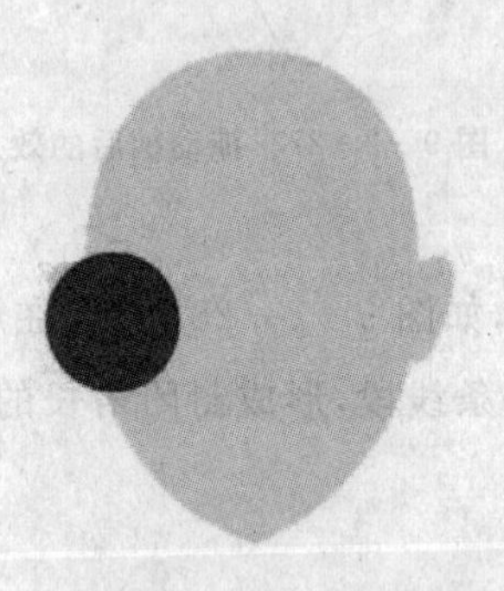

图 9-3-3 填充为洋红色，并去掉轮廓后的效果

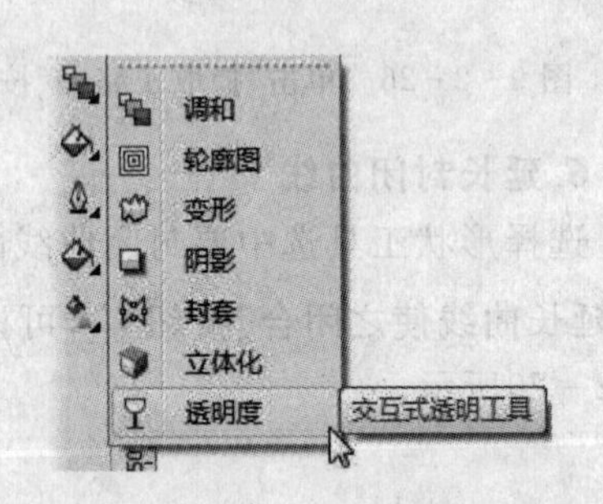

图 9-3-4 交互式透明工具

步骤 4. 在工具箱中选择交互式调和工具，选择“透明度”命令，如图 9-3-4 所示，出现“交互式透明工具”按钮，在属性栏中选择“射线”，如图 9-3-5 所示，调整透明控制滑块，将前后两个滑块的透明度设置为 100。

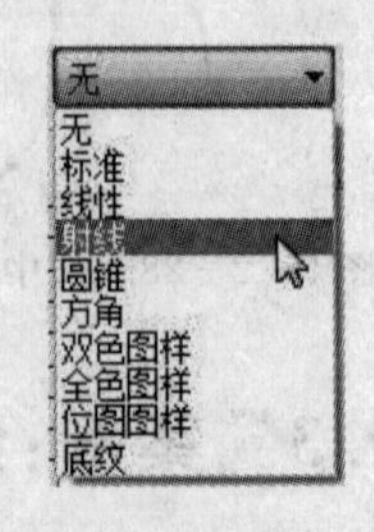

图 9-3-5 选择“射线”透明

步骤 5. 单击“编辑透明度”按钮，打开“渐变透明度”对话框，将中间滑块的“位置”设置为 24%，如图 9-3-6 所示，将中间滑块的透明度设置为 95，效果如图 9-3-7 所示。

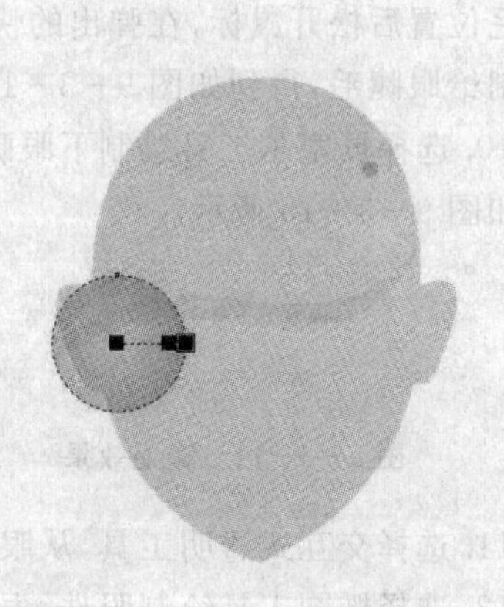

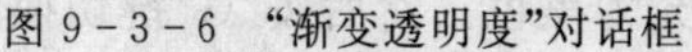

图 9-3-6 “渐变透明度”对话框　　图 9-3-7 设置透明度后的效果

步骤 6. 将设置透明度后的圆形复制一个到脸部的另外一边。选择这两个圆形，右击拖至脸部合适的位置，在随后弹出的快捷菜单中选择“图框精确裁剪内部”命令，将腮红置于脸部合适的位置。如果位置不合适，右击图形，在快捷菜单中选择“编辑内容”命令可以调整圆形的位置和内容，效果如图 9-3-8 所示。

步骤 7. 选择贝塞尔工具绘制眉毛，如图 9-3-9 所示，填充为黑色并去除轮廓，效果如图 9-3-10 所示。

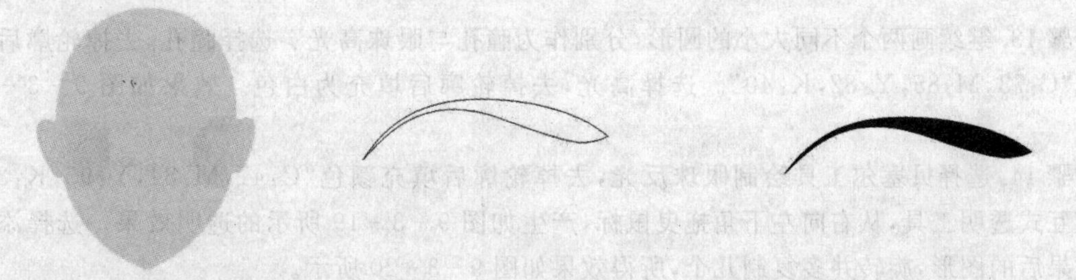

图 9-3-8 腮红效果　　图 9-3-9 眉毛轮廓　　图 9-3-10 填充黑色后的眉毛效果

步骤 8. 在工具箱中选择交互式透明工具，从左向右拖曳鼠标，得到如图 9-3-11 所示的透明效果，将颜色填充为“C:60，M:95，Y:100，K:20”，效果如图 9-3-12 所示。复制另一条的眉毛，选中左侧眉毛，拖动鼠标，不松开鼠标左键单击鼠标右键，复制出一条眉毛，选择复制出的眉毛，在属性栏上单击“水平镜像”按钮，得到右侧眉毛，将两条眉毛放到合适的位置，如图 9-3-13 所示。

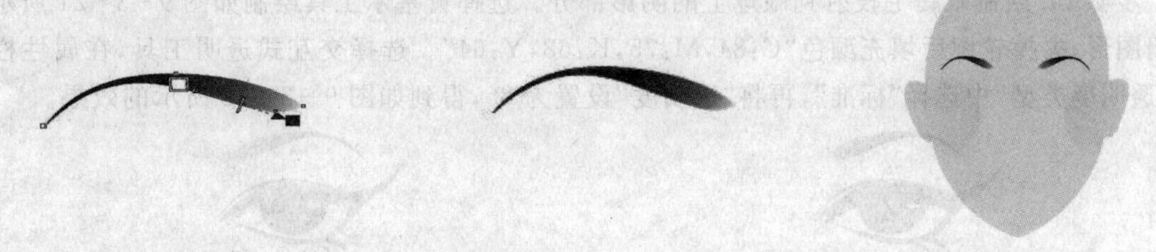

图 9-3-11 使用“交互式透明工具”后的效果　　图 9-3-12 填充颜色后的效果　　图 9-3-13 放置眉毛后的效果

步骤9.选择贝塞尔工具,在脸部1/2处绘制人物的上眼睫毛。在眉毛处按下鼠标右键,拖曳至眼睫毛位置后松开鼠标,在弹出的快捷菜单中选择“复制所有属性”命令,将眉毛的轮廓及填充属性复制给眼睫毛,得到如图9-3-14所示的效果。

步骤10.选择贝塞尔工具绘制下眼睫毛、眼白及双眼皮,用上面讲到的方法上色。填充颜色后的效果如图9-3-15所示。

图9-3-14 睫毛效果

图9-3-15 眼睛和睫毛轮廓

步骤11.选择交互式透明工具,从眼角向眼尾方向拖曳鼠标,透明效果如图9-3-16所示。

步骤12.选择椭圆工具绘制眼珠,去掉轮廓后填充为黑色。然后按“G”键切换至交互式填充工具,从上向下拖曳鼠标,将上方的渐变控制滑块中的颜色设置为“C:84,M:75,K:68,Y:64”,下方的渐变控制滑块设置为“C:39,M:85,K:95,Y:2”,效果如图9-3-17所示。

图9-3-16 透明效果

图9-3-17 渐变填充效果

步骤13.继续画两个不同大小的圆形,分别作为瞳孔与眼珠高光。选择瞳孔,去掉轮廓后填充颜色“C:73,M:85,Y:82,K:40”。选择高光,去掉轮廓后填充为白色。效果如图9-3-18所示。

步骤14.选择贝塞尔工具绘制眼珠反光,去掉轮廓后填充颜色“C:41,M:84,Y:95,K:3”。选择交互式透明工具,从右向左下角拖曳鼠标,产生如图9-3-19所示的透明效果。选择添加透明效果后的图形,旋转并多复制几个,所得效果如图9-3-20所示。

图9-3-18 眼睛效果

图9-3-19 透明效果

图9-3-20 眼睛反光效果

步骤15.绘制眼睫毛投射到眼球上的阴影部分。选择贝塞尔工具绘制如图9-3-21所示的封闭图形,去掉轮廓后填充颜色“C:84,M:75,K:68,Y:64”。选择交互式透明工具,在属性栏上的“透明度类型”中选择“标准”,再将“透明度”设置为85,得到如图9-3-22所示的效果。

图9-3-21 阴影效果

图9-3-22 透明度设置为85后的效果

步骤16.选择绘制好的眼珠图形，按住鼠标右键拖曳至眼白位置后松开鼠标，在弹出的快捷菜单中选择“图框精确裁剪内部”命令，将眼珠置入眼白内。如果眼珠的摆放位置与大小不理想，可以按住“Ctrl”键单击眼白，即可进入容器内进行编辑。调整后如果想结束编辑，也可按住“Ctrl”键单击空白处。调整眼珠后的效果如图9-3-23所示。

步骤17.绘制眼影。选择贝塞尔工具绘制一个比眼睛大点儿的封闭图形，去掉轮廓后填充颜色“C:28,M:25,Y:3,K:0”。将此图形向中间缩小并复制一个，填充颜色“C:0,M:60,Y:100,K:0”。选择这两个图形，选择“排列”|“顺序”|“在之前”命令，用黑色提示箭头点选脸部，将它们置于合适的图层。调整顺序后的效果如图9-3-24所示。

图9-3-23　眼睛效果

图9-3-24　绘制眼影

步骤18.添加透明效果。选择下面的一个图形，选择交互式透明工具，在属性栏上选择“透明度类型”中的“标准”选项，再将“透明度”设置为100。然后选择上面较小的图形，将“透明度”设置为90。添加透明后的效果如图9-3-25所示。

步骤19.调和图形。选择交互式调和工具，将这两个图形进行调和，使用默认参数即可得到如图9-3-26所示的眼影效果。

图9-3-25　添加透明后的效果

图9-3-26　调和后的效果

步骤20.在属性栏上单击“水平镜像”按钮，复制另一只眼睛，如图9-3-27所示。

步骤21.绘制鼻子。选择贝塞尔工具绘制鼻梁轮廓，填充颜色“C:10,M:20,Y:30,K:0”并去掉轮廓，如图9-3-28所示。在工具箱中选择交互式透明工具，从左向右拖曳鼠标，透明效果如图9-3-29所示。

图9-3-27　眼睛效果

图9-3-28　鼻梁轮廓

步骤22.填充鼻子颜色“C:6,M:35,Y:51,K:0”，用同上的方法细化鼻子，效果如图9-3-30所示。

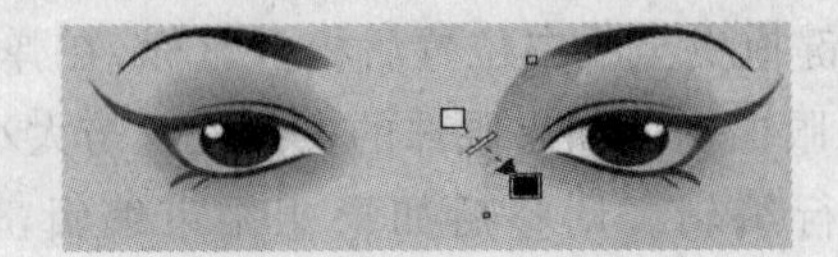

图9-3-29 绘制鼻梁

图9-3-30 鼻孔效果

步骤23.绘制嘴巴。使用贝塞尔工具绘制出上嘴唇与下嘴唇，为了方便后面的操作，分为两部分，如图9-3-31所示。为其填充颜色“C:3,M:44,Y:12,K:0”，效果如图9-3-32所示。

图9-3-31 上嘴唇和下嘴唇的轮廓

图9-3-32 填充后的嘴巴效果

步骤24.绘制如图9-3-33所示的两个图形，左图为嘴巴的高光部分，右图为嘴巴的阴影部分。将左图去掉轮廓，填充为白色，摆放位置如图9-3-34所示。将右图去掉轮廓填充颜色为“C:3,M:44,Y:12,K:0”，摆放位置如图9-3-35所示。同时选中阴影部分和下嘴唇，在属性栏中单击“相交”按钮，效果如图9-3-36所示。

图9-3-33 绘制图形

图9-3-34 制作高光部分

图9-3-35 填充阴影部分

图9-3-36 阴影效果

步骤25.绘制下嘴唇的高光在如图9-3-37所示的位置绘制一个椭圆，填充与下嘴唇相同的颜色，并去掉轮廓。选中该椭圆，按“Shift”键将椭圆等比例缩小，不松开鼠标左键的同时按下鼠标右键，复制出一个小椭圆，并填充为白色。选择调和工具，将白色椭圆拖曳到大椭圆上，调和后的效果如图9-3-38所示，调整后的脸部如图9-3-39所示。

图9-3-37 绘制椭圆

图9-3-38 下嘴唇亮光效果

图9-3-39 脸部效果

步骤 26. 按照上面的方法简单地绘制头发和衣服，调整后效果如图 9-3-40 所示。

步骤 27. 导入图片作为背景，选择交互式透明工具等进行绘制，最终效果如图 9-3-41 所示。

图 9-3-40 人物效果

图 9-3-41 最终效果

9.4 拓展案例：绘制风景图

9.4.1 案例说明

本案例通过风景图的绘制，主要介绍如何在 CorelDRAW X4 软件中使用贝塞尔曲线工具绘制图形，以及使用渐变填充工具填充颜色的方法和技巧。

9.4.2 制作过程

步骤 1. 在菜单栏中选择“文件”|“新建”命令，创建一个新文件。将纸张的“宽度”和“高度”分别设置为 280 mm 和 160 mm。

步骤 2. 选择矩形工具绘制矩形，将“宽度”和“高度”分别设置为 280 mm 和 89.426 mm。

步骤 3. 在工具箱中单击“填充工具”按钮，在打开的菜单中选择“渐变填充”命令，在弹出的对话框中进行设置，如图 9-4-1 所示，去掉轮廓，效果如图 9-4-2 所示。

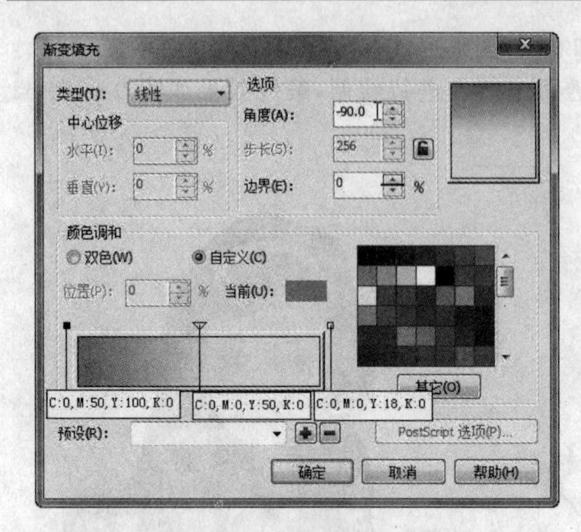

图 9-4-1 “渐变填充”对话框

图 9-4-2 渐变填充效果

步骤 4. 选择矩形工具绘制矩形，将“宽度”和“高度”分别设置为 280 mm 和 70.727 mm。

步骤 5. 在工具箱中单击“填充工具”按钮，在打开的菜单中选择“底纹填充”命令，在弹出的对话框中进行设置，如图 9-4-3 所示。去掉轮廓，效果如图 9-4-4 所示。

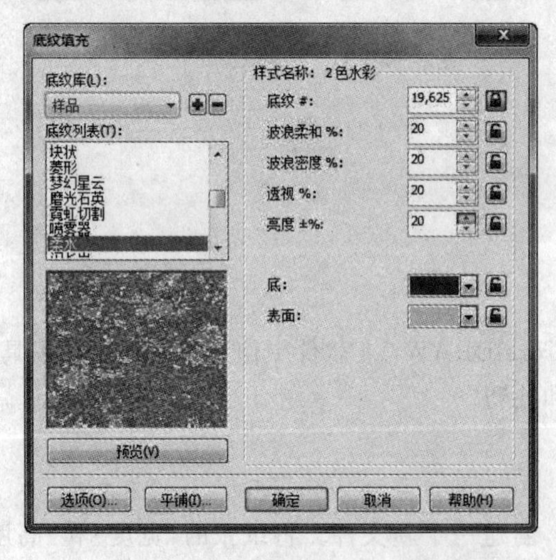

图 9-4-3 “底纹填充”对话框

图 9-4-4 底纹填充效果

步骤 6. 选择贝塞尔曲线工具绘制如图 9-4-5 所示的曲线。选择形状工具选择曲线上半部分的所有节点，在属性栏中单击“转换直线为曲线”按钮，将直线转换成曲线，调整曲线，效果如图 9-4-6 所示。

图 9-4-5 绘制曲线

图 9-4-6 调整曲线

步骤7.在工具箱中单击“填充工具”按钮，在打开的菜单中选择“均匀填充”命令，在弹出的对话框中将颜色设置为“C:6,M:6,Y:15,K:0”。选择挑选工具选择曲线，复制并调整曲线，效果如图9-4-7所示。

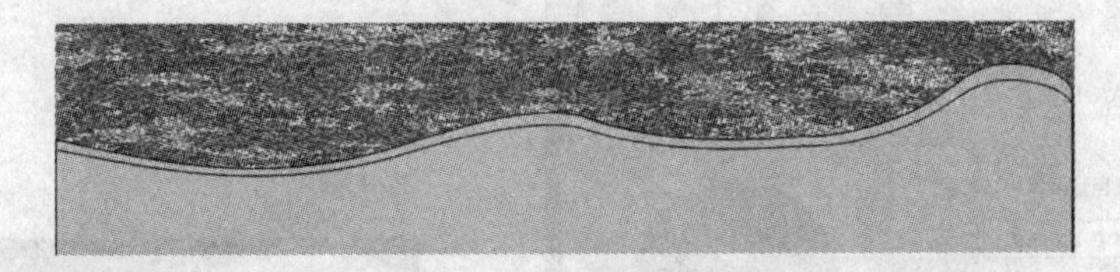

图9-4-7　曲线效果

步骤8.在工具箱中单击“填充工具”按钮，在打开的菜单中选择“渐变填充”命令，在弹出的对话框中进行设置，如图9-4-8所示。去掉轮廓，效果如图9-4-9所示。

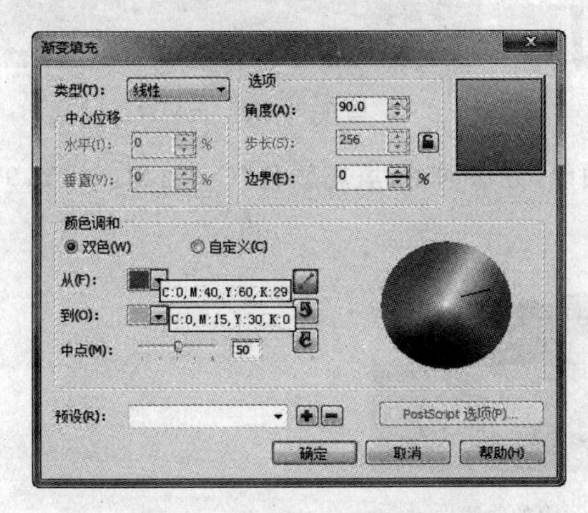

图9-4-8　“渐变填充”对话框

图9-4-9　渐变填充效果

步骤9.选择贝塞尔曲线工具绘制如图9-4-10所示的曲线。选择形状工具选择曲线上的所有节点，在属性栏中单击“将直线转换为曲线”按钮，将直线转换为曲线。调整曲线，效果如图9-4-11所示。

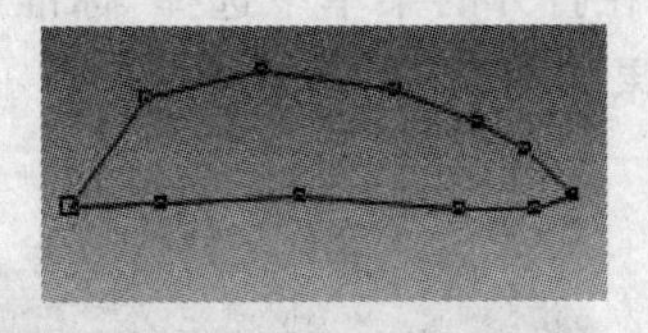

图9-4-10　绘制云彩曲线

图9-4-11　调整云彩曲线

步骤10.在工具箱中单击“填充工具”按钮，在打开的菜单中选择“渐变填充”命令，在弹出的对话框中进行设置，如图9-4-12所示。去掉轮廓，复制并调整曲线，移动至合适的位置，效果如图9-4-13所示。

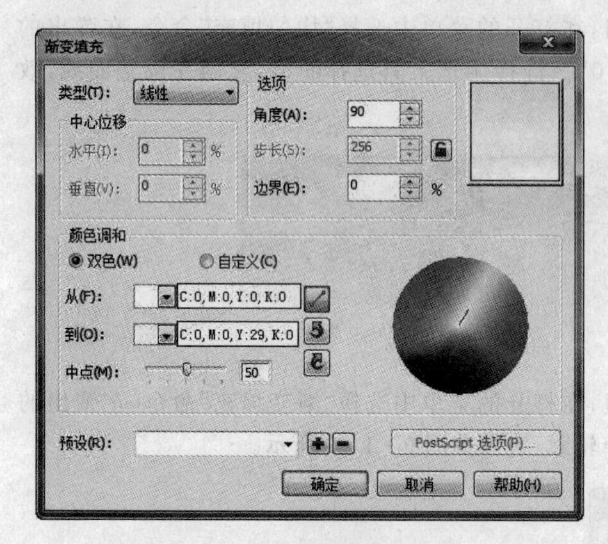

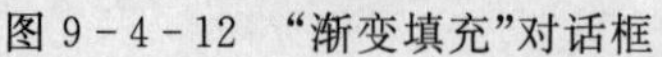
图 9-4-12 “渐变填充”对话框

图 9-4-13 云彩效果

步骤 11. 选择贝塞尔曲线工具绘制山的曲线，方法同上，填充颜色“C:75，M:29，Y:95，K:0”，去掉轮廓，效果如图 9-4-14 所示。

图 9-4-14 山的曲线

步骤 12. 复制两个山的曲线，将其中一个缩小并将其填充为“C:56，M:15，Y:95，K:0”，另一个图形填充为“C:60，M:0，Y:29，K:29”，在属性栏上单击“垂直镜像”按钮制作山的倒影，效果如图 9-4-15 所示。

步骤 13. 在工具箱中单击“交互式透明工具”按钮，在打开的菜单中选择“标准透明”命令，将透明度类型设置为“标准”，开始透明度设置为“50”，效果如图 9-4-16 所示。

图 9-4-15 山和倒影的制作

图 9-4-16 山和倒影效果

步骤 14. 选择“山和倒影”图形，单击属性栏上的“水平镜像”按钮复制图形，调整位置。

步骤 15. 选择椭圆工具并按“Ctrl”键绘制圆作为太阳，渐变填充设置如图 9-4-17 所示。将标号 1 设置为白色；标号 2 设置为白色，位置为 22%处；标号 3 设置为红色，位置为 55%处；标号 4 设置为黄色，位置为 75%处；标号 5 设置为黄色。去掉轮廓，效果如图 9－4－18 所示。

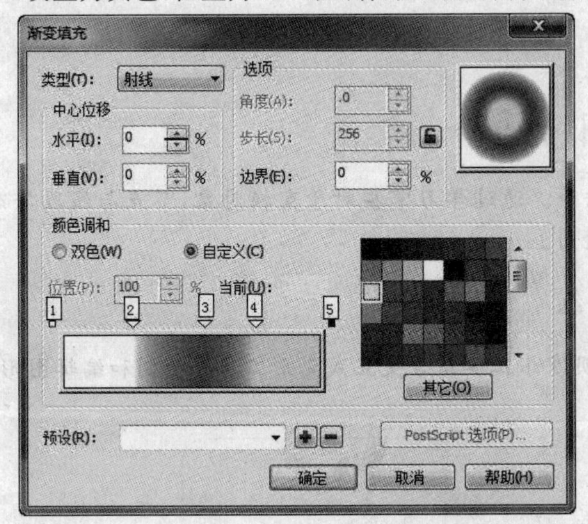

图 9－4－17　“渐变填充”对话框

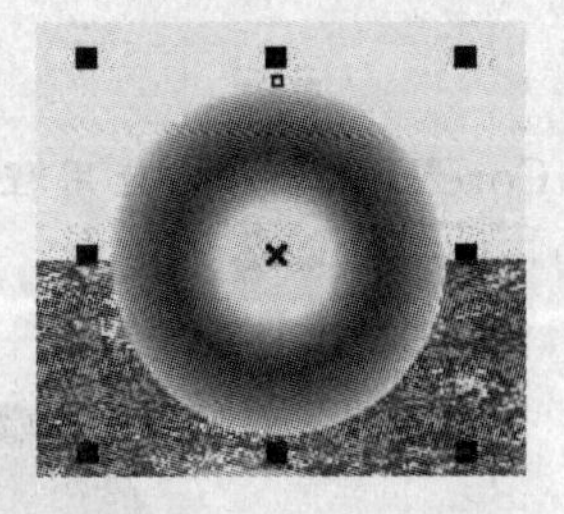

图 9－4－18　太阳效果

步骤 16. 选择“太阳”图形，右击，在快捷菜单中选择“顺序”|“置于此对象前”命令，如图 9－4－19 所示，效果如图 9－4－20 所示。

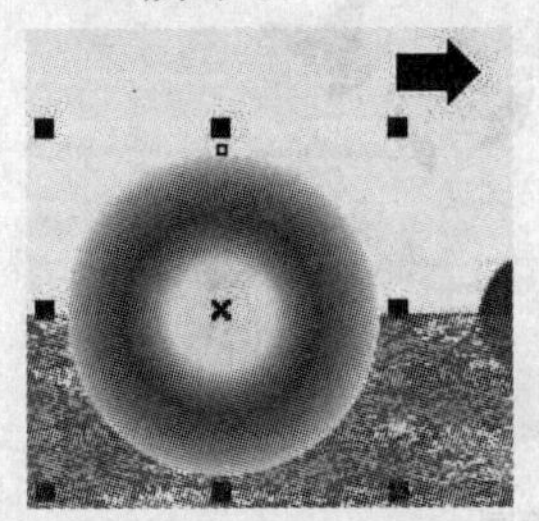

图 9－4－19　顺序的设置

图 9－4－20　效果

步骤 17. 按照上面的方法绘制椰子树。选择椭圆工具绘制椭圆，填充颜色“C:40，M:75，Y:100，K:0”。去掉轮廓，右击椭圆，从快捷菜单中选择“顺序”|“置于此对象间”命令。绘制桌子，导入“球”素材，最终得到如图 9－4－21 所示的风景图。

图 9－4－21　风景图

小结与练习

本章小结

本章重点学习了插画绘图的技巧、方法等。通过学习掌握对于变换对象,节点与线段修改,尖突节点、平滑节点与对称节点等知识的运用。

练　习

打开CorelDRAW X4应用程序,选择贝塞尔工具结合交互式变形工具等绘制和编辑图形对象,如图9-1所示。

图9-1　美女插画

第10章　写实绘画

本章重点学习写实绘画的技巧。由于写实绘画游走在艺术与真实之间，所以本章中的案例以对象的真实原型为依托，加上艺术绘制和处理手法创作出电子类、商品类写真作品。其中涉及的很多基础命令与知识，如交互式透明工具、轮廓线工具、填充图形等，本章将详细说明其使用技巧与策略。

10.1　写实绘画基础知识

“写实”一词其意思指绘画的手法，从观察、构思到落实在画面上的操作与结果都是以可认知的客观事物形象为依据。另一方面指绘画的内质，重在以反映自然和社会生活的真实性为基础，同时又重视内涵表现的现实性精神，如图 10-1-1 所示。

图 10-1-1　树叶

1. 写实绘画与现实主义艺术

“现实主义”解释为生活的表现，是画家通过对现实世界审美认识，真实地表现现实生活及主观世界的情感，其手法主要采用写实和具象的表现方法，它的哲学观是求真求实，导致它的美学观是以真为美、以实为美，它是写实主义的主要特征。

绘画中的现实主义包括两个层面：一是精神层面，一是技法层面。就精神层面而言，它要求艺术作品必须真实地反映生活，不是反映生活的表象，而是要源于生活高于生活，要能够反映出生活内在的，带有规律性本质的东西。从技法，即技巧、技艺的层面来说，现实主义要求按照生活的本来面目描写生活，要求细节的真实。在精神层面强调的典型化，使现实主义与自然主义区别开来。在技艺层面强调的按生活本来样子描写，强调的细节真实，又使它与浪漫主义以及现代主义诸流派区别开来。

2. 写实与具象的关系

“写实”既有风格意义，也有人文意义，两者兼半。“具象”一词的意义则偏向于形而下的风格现象的描述。因为风格由两个部分合成——自然与构成自然的纯粹语言。而“具象”描述的仅仅是前一部分，即拥有自然。所以，作为艺术概念，具象一词所指涉的只是细枝末节的风格现象。“具象绘画”应该是位于传统写实绘画和抽象绘画之间。

10.2　写实绘画填色技巧

10.2.1　填充图形

色彩填充包括“普通填充”、“渐变色填充”、“图案填充”、“纹理填充”、“PostScript 填充”等多种填充方式。色彩填充是绘画工作中的重点,它可以通过填充把轮廓线所形成的图形,在视觉上变得更为丰富。比如,要表现多种色彩相混合的材质,即可采用渐变填充达到目的。

最普通、最常用的一种填充方式是均匀填充,对话框如图10-2-1所示。可以使用预置的调色板进行均匀填充,也可以通过"颜色"调板,"填充颜色"对话框来进行填充。当然更为直接的填充方法就是选中填充对象后,单击调色板上的颜色。

图10-2-1 "均匀填充"对话框

10.2.2 交互式填充

当使用"渐变式填充"、"图案填充"等填充方式,需要对填充进行细节调整时,就必须用到交互式填充工具。使用左侧工具箱中的交互式填充工具中的"交互式填充",在对象上会出现一些控制句柄,如图10-2-2所示,调整后的效果如图10-2-3所示。

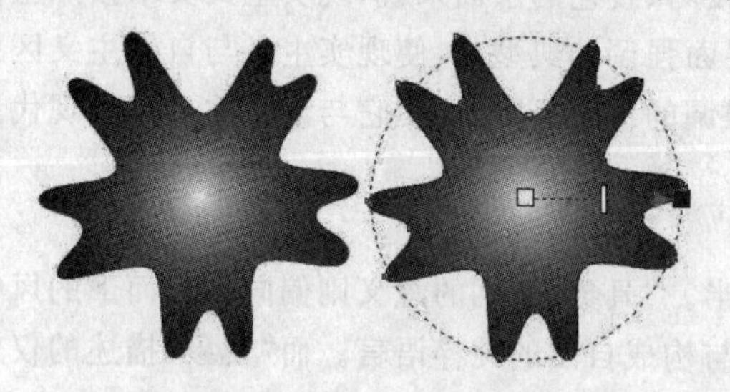

图10-2-2 控制句柄

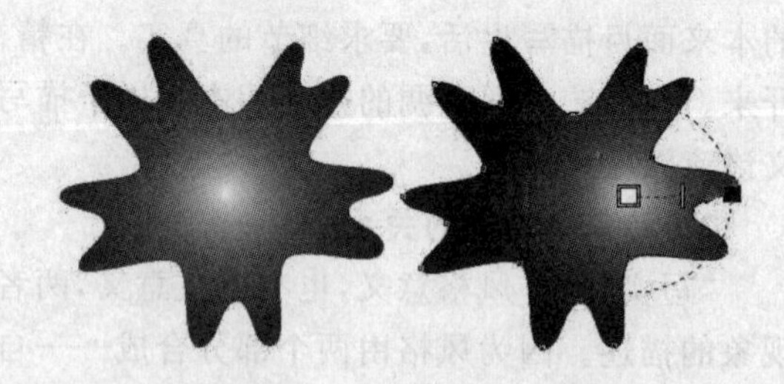

图10-2-3 调整效果

10.3 案例:制作时尚MP4播放器

10.3.1 案例说明

本案例通过在CorelDRAW X4软件中制作"MP4播放器",主要讲解修剪工具、交互式透明工具等的使用方法，以及制作玻璃材质等半透明材质的方法和技巧。

10.3.2 制作过程

MP4播放器的素材图和最终效果图，如图10－3－1和图10－3－2所示。

图10－3－1 图像素材

图10－3－2 最终效果

步骤1.创建一个矩形框后，鼠标左键按住方框4角的任意一角，拖动鼠标，形成圆角矩形，如图10－3－3所示。

步骤2.然后在按住鼠标左键拖动的同时，单击鼠标右键，复制一个稍小一点的框，调节圆角的角度，效果如图10－3－4所示。

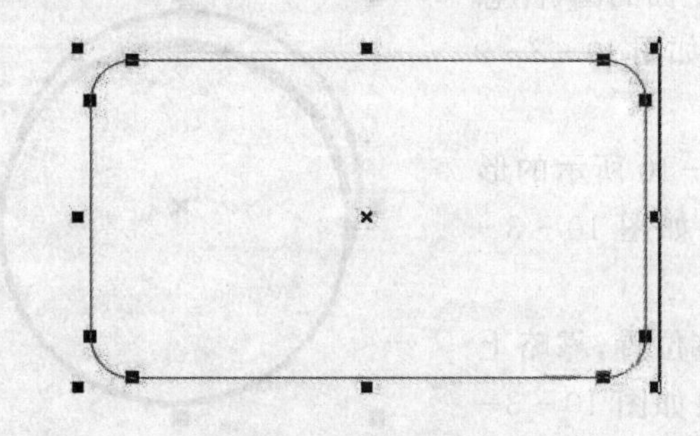

图10－3－3 绘制外框

图10－3－4 复制矩形框

步骤3.在如图10－3－5所示的位置添加一个方框，作为该产品的屏幕。

步骤4.创建一个圆形，作为按钮的轮廓，如图10－3－6所示。

图10－3－5 添加方框

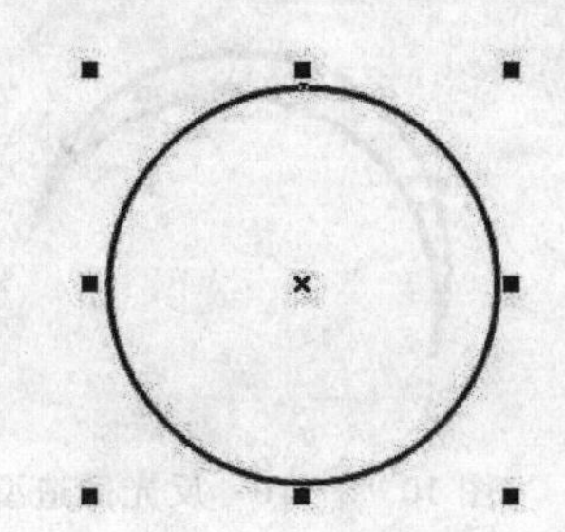

图10－3－6 按钮轮廓

步骤5.在圆里面再创建一个椭圆，选择工具栏里的交互式透明工具对椭圆进行设置，让按钮看起来有反光效果,如图10-3-7所示。

步骤6.创建两个相交的圆,如图10-3-8所示。

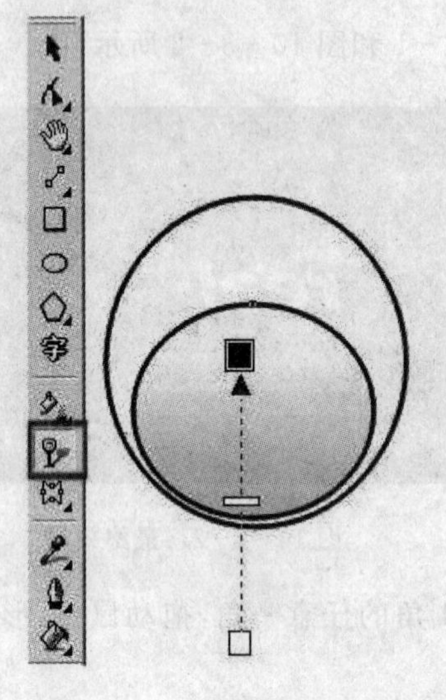

图10-3-7 按钮反光效果

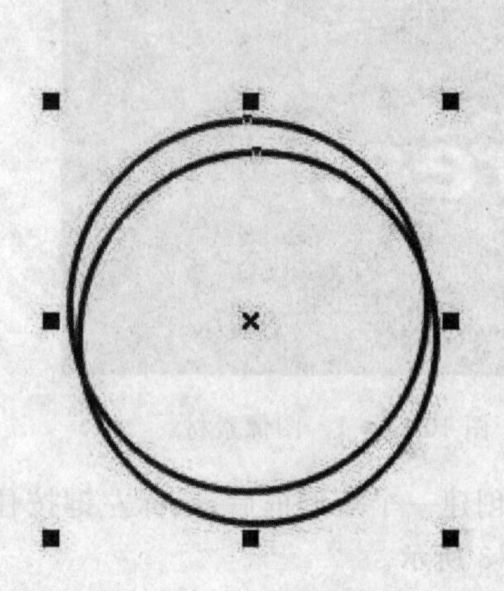

图10-3-8 两圆相交

步骤7.先选定下面的圆,按住"Shift"键后选定上面的圆(注意选择的先后顺序),再选择工具箱里的修剪工具,效果如图10-3-9所示。

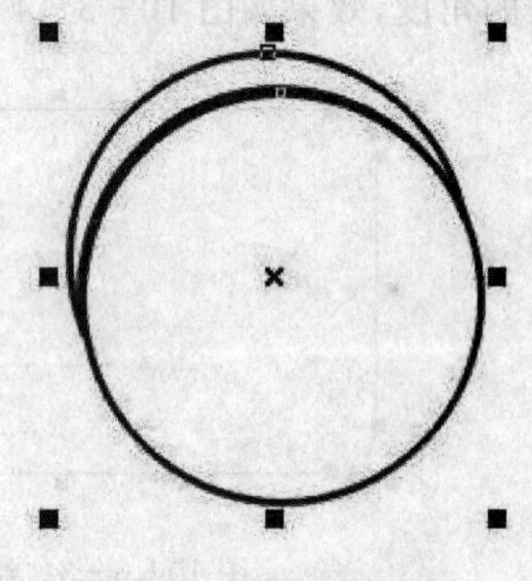

图10-3-9 修剪效果

步骤8.将不需要的部分删除,效果如图10-3-10所示的形状,双击或者按"F10"键,对它进行造型修改,效果如图10-3-11所示。

步骤9.修改好以后放入创建好的圆形内,调整位置,靠略上方并居中且用交互式透明工具对它进行设置,效果如图10-3-12所示。

步骤10.将大圆填充为黑色,其他两个形状填充成白色或灰色,效果如图10-3-13。

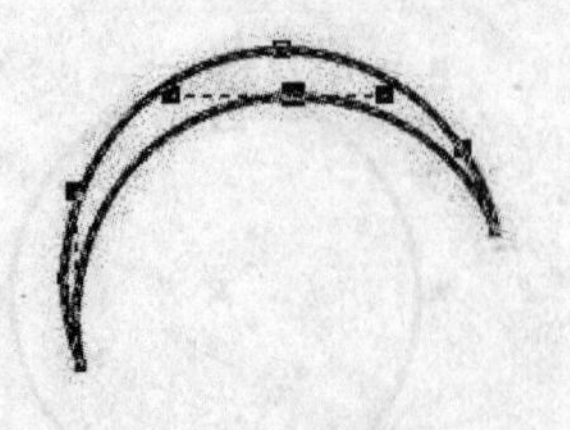

图10-3-10 反光区造型

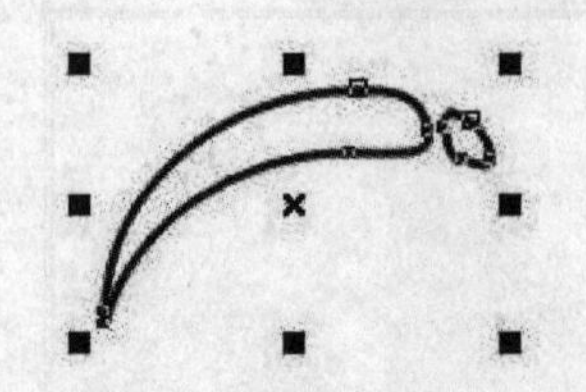

图10-3-11 修改造型

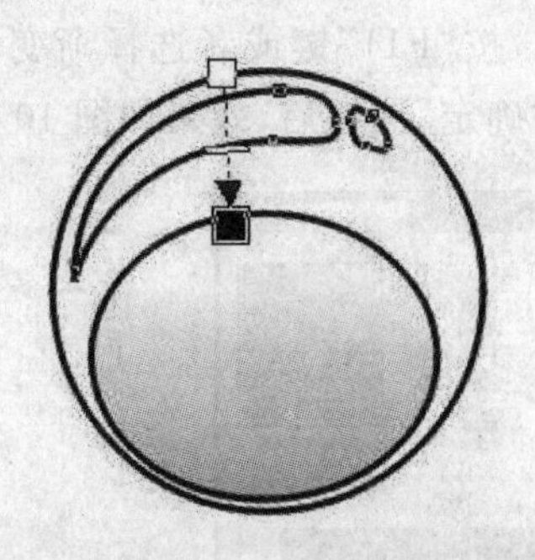

图 10-3-12　两个反光体

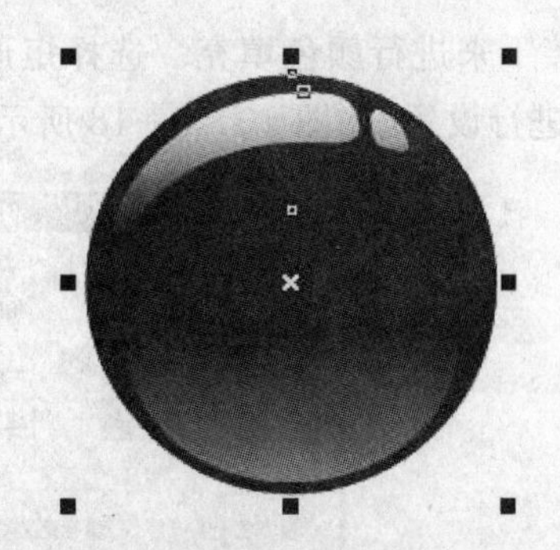

图 10-3-13　按钮效果

步骤 11.复制并制作好其他几个按钮后，添加文字，然后放置在机器框里的适当位置，效果如图 10-3-14 所示。

步骤 12.绘制一个矩形，在工具栏中将“边角圆滑度”设置为 100，得到如图 10-3-15 所示的圆角矩形。

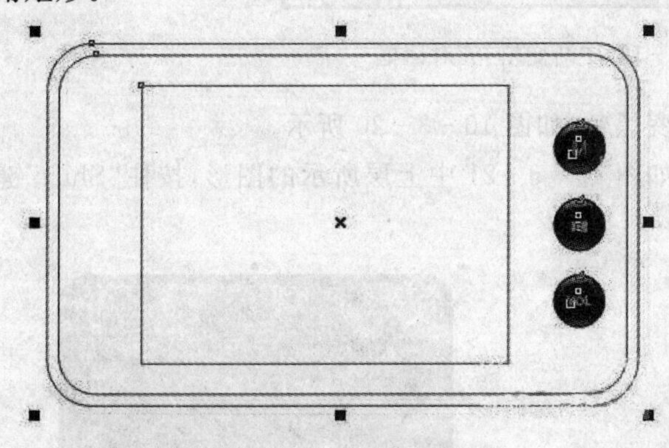

图 10-3-14　按钮放置效果

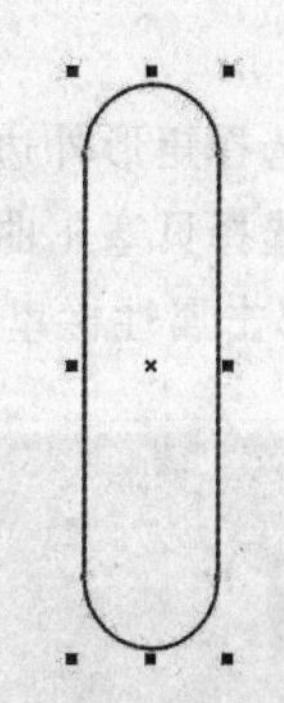

图 10-3-15　绘制圆角矩形

步骤 13.复制刚才圆形按钮里的两个反光体后，放置在长形按钮顶端，然后绘制两端的箭头，效果如图 10-3-16 所示。

步骤 14.制作好后，放置到机器框里的适当位置，效果如图 10-3-17 所示。

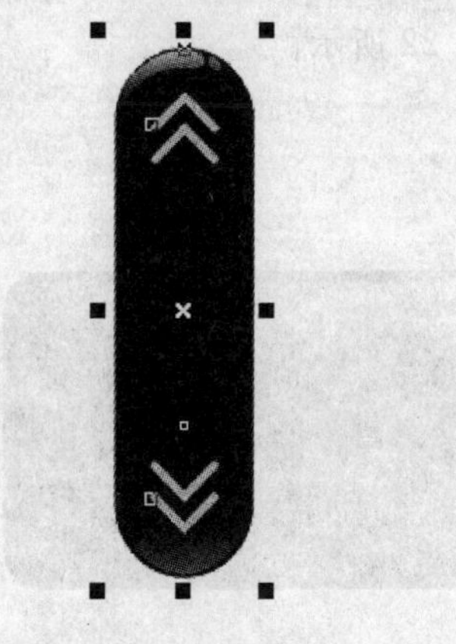

图 10-3-16　调节按钮效果

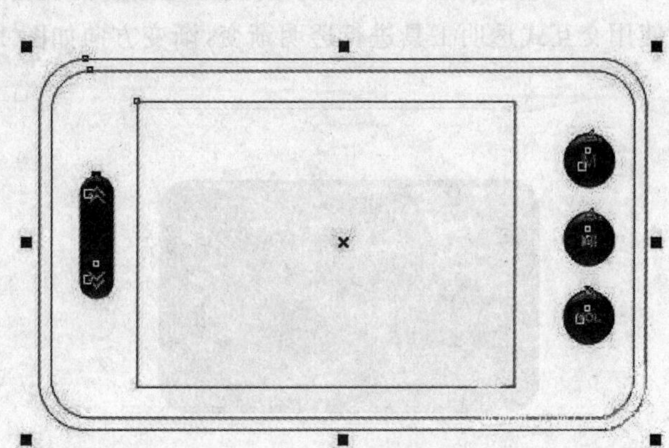

图 10-3-17　效果图

步骤 15. 接下来进行颜色填充。选择矩形内边框，按“F11”键或者选择渐变填充工具，在弹出的对话框中进行设置，如图 10－3－18 所示。单击“确定”按钮后，效果如图 10－3－19 所示。

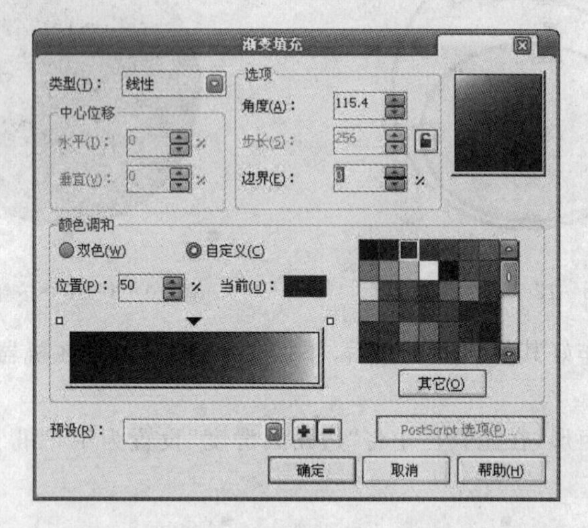

图 10－3－18　“渐变填充”对话框

步骤 16. 选择矩形外边框，填充为渐变黑色，如图 10－3－20 所示。

步骤 17. 选择贝塞尔曲线工具，绘制如图 10－3－21 中上层所示的图形，按住“Shift”键选择矩形内边框，单击属性栏里的“相交”按钮。

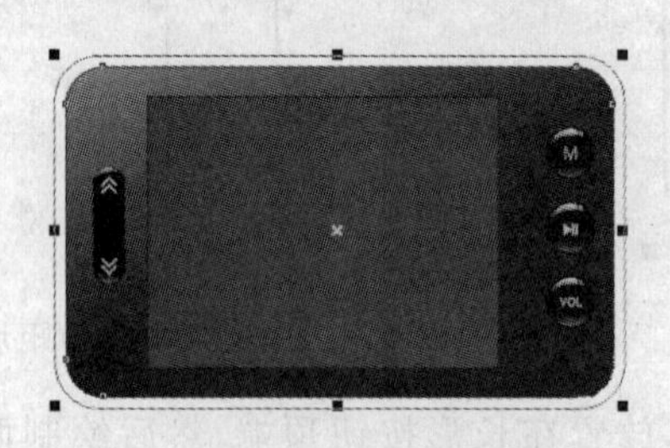

图 10－3－19　内框填充效果

图 10－3－20　机身效果图

步骤 18. 将步骤 17 中贝塞尔曲线工具绘制的机身外的图形删除。选择“相交”后得到的图形，使用交互式透明工具进行透明渐变，渐变方向如图 10－3－22 所示。

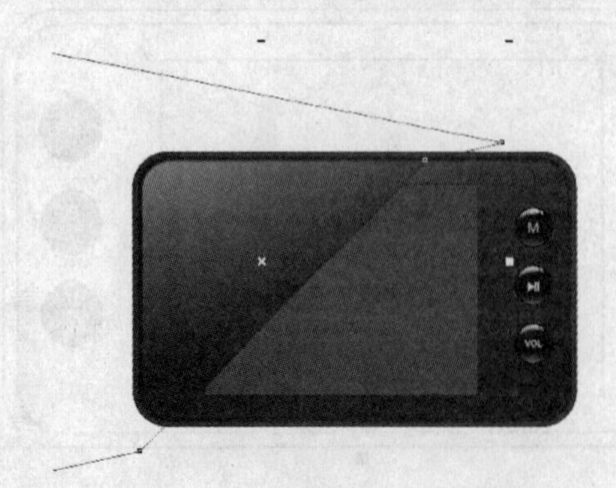

图 10－3－21　制作“高光”效果图形

图 10－3－22　高光效果

步骤19.创建两个如图10-3-23所示的圆角矩形,在属性栏中将“边角圆角度”设置为100,选择交互式透明工具,将两个圆角矩形进行反方向的透明渐变,如图10-3-23所示。这样就能制作出“反光线”的效果。

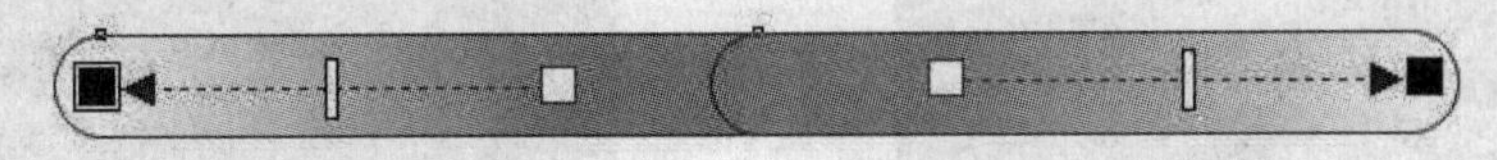

图10-3-23 制作“反光线”

步骤20.选中步骤19中绘制的两个圆角矩形,按“Ctrl”+“G”快捷键,选中此图形组合,鼠标右键单击调色板“无填充色”,去掉轮廓色,如图10-3-24所示。

步骤21.把“反光线”的高度调小,放置到机器内框的上方和下方,左右也用相同方法制作“反光线”,效果如图10-3-25所示。

导入前面素材文件,调整其大小和位置,添加一些修饰文字,效果如图10-3-26所示。

图10-3-25 反光质感效果

图10-3-24 去掉轮廓色

图10-3-26 最终效果

10.4 拓展案例:制作卡通图案茶杯

10.4.1 案例说明

本案例通过卡通图案茶杯的绘制,介绍了贝塞尔曲线工具、渐变填充工具的使用技巧。

10.4.2 制作过程

最终效果如图10-4-1所示。

图10-4-1 最终效果

步骤1.新建一个文档,在属性栏中单击“横向”按钮,将页面横向放置。选择矩形工具，绘制如图 10－4－2 所示的矩形，填充为绿色(C:100，M:0，Y:100，K:0)。

步骤 2. 选择矩形工具在页面中绘制一个矩形，如图10－4－3所示。

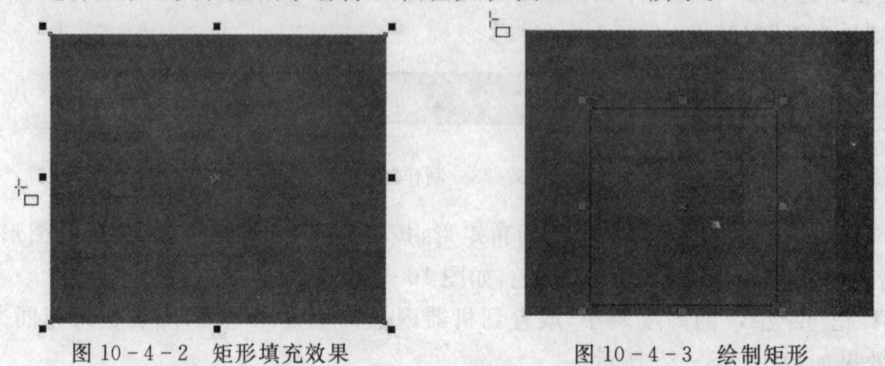

图 10－4－2 矩形填充效果　　图 10－4－3 绘制矩形

步骤 3. 在工具箱中选择形状工具，选中所绘制的矩形，按“Ctrl”＋“Q”快捷键将所绘制的直线转换成曲线，如图 10－4－4 所示。

步骤 4. 选择工具箱中的交互式填充工具(或按“G”键)，如图 10－4－5 所示。

图 10－4－4 杯子轮廓

图 10－4－5 交互式填充工具

步骤 5. 从左到右绘制一个渐变，颜色为从“K:20”到白色再到“K: 10”，形成立体效果，如图 10－4－6所示。

步骤 6. 用椭圆工具绘制杯口，先绘制一个椭圆，如图 10－4－7 所示。

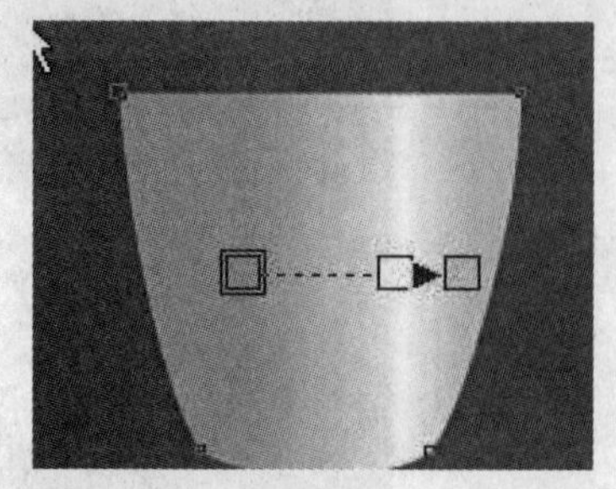

图 10－4－6 杯子填充效果

图 10－4－7 绘制杯口

步骤7.将椭圆放在杯身顶部，如图10－4－8所示。

图10－4－8　杯口位置

步骤8.使用渐变填充工具将杯口填充颜色为从“K：20”到白色再到“K：20”，效果如图10－4－9和图10－4－10所示。

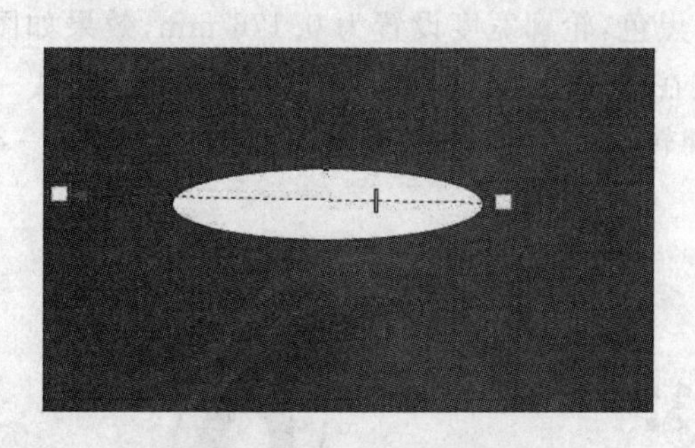

图10－4－9　杯口填充效果1

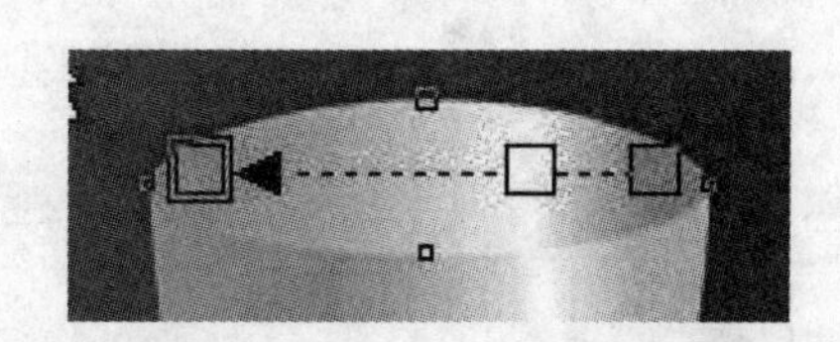

图10－4－10　杯口填充效果2

步骤9.按“Ctrl”＋“D”快捷键复制出一个椭圆，适当缩小，效果如图10－4－11所示。

步骤10.改变渐变填充的方向，使它与大椭圆明暗交错形成杯口的立体效果，如图10－4－12所示。

图10－4－11　杯内口

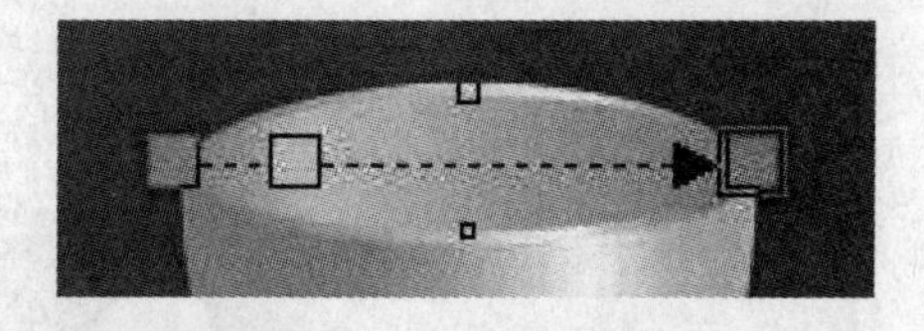

图10－4－12　杯内口效果

步骤11.用椭圆工具在杯身上绘制出一大一小两个椭圆，如图10－4－13所示。将两个椭圆合并到一起，制作出眼睛的轮廓，如图10－4－14所示。用挑选工具选中图形，进行复制，双击选中的图形，进行旋转使其与第一个图形呈轴对称图形，形成双眼轮廓，如图10－4－15所示。

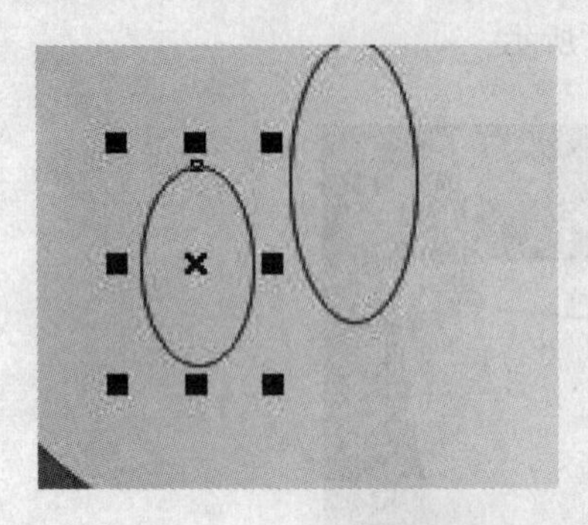

图 10-4-13　两个椭圆

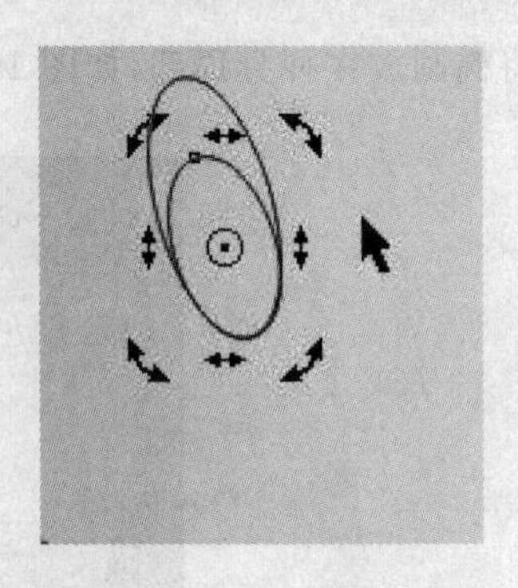

图 10-4-14　眼睛轮廓

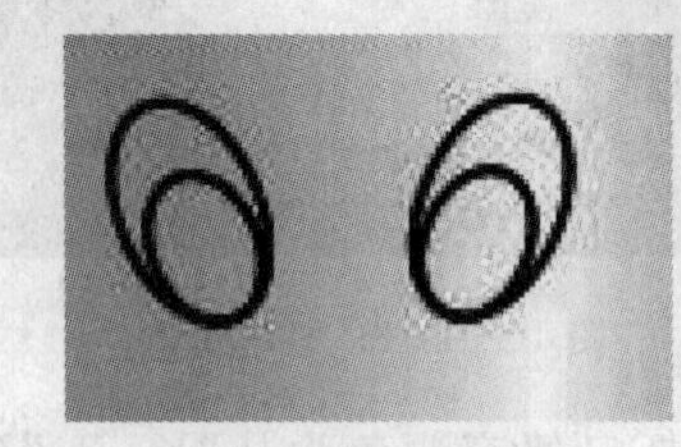

图 10-4-15　双眼轮廓

步骤 12. 大椭圆填充为白色，小椭圆填充为黑色，轮廓宽度设置为 0.176 mm，效果如图 10-4-16 所示。再绘制一个小椭圆填充为白色，放在眼珠上形成高光，左眼效果如图 10-4-17 所示。按“Ctrl”+“D”快捷键复制出一个，水平翻转后移到右边形成右眼，效果如图 10-4-18 所示。

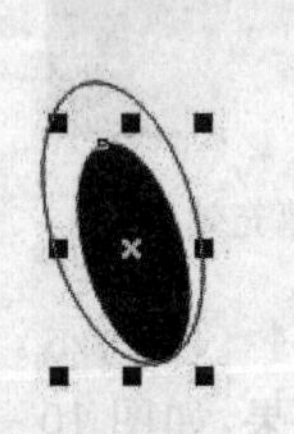

图 10-4-16　眼睛填充效果

图 10-4-17　眼球高光

图 10-4-18　双眼效果

步骤13.用贝塞尔工具绘制出一个向上弯曲的四边形，如图10-4-19所示。在四边形中填充黑色，复制、水平翻转后移到右边，形成一对飞扬的眉毛，如图10-4-20所示。

图10-4-19 眉毛轮廓

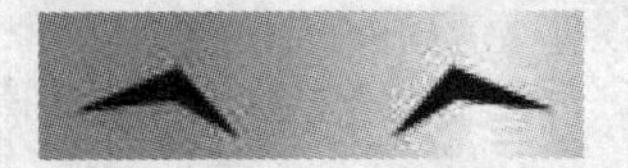

图10-4-20 眉毛效果

步骤14.绘制嘴。用贝塞尔工具绘制一条长弧线形成嘴，如图10-4-21所示。再绘制两条短弧线形成微笑的嘴角，轮廓宽度均设置为0.176 mm，效果如图10-4-22所示。

图10-4-21 嘴

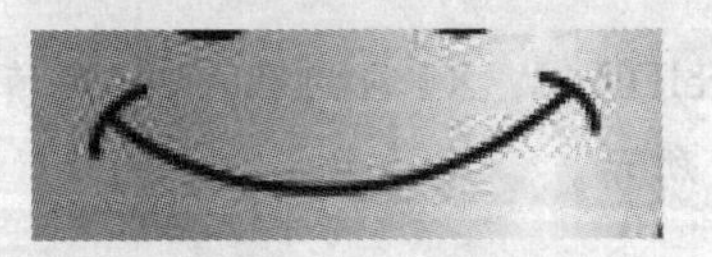

图10-4-22 嘴角

步骤15.绘制一个半圆形的舌头，再绘制一个小三角形填充为黑色，作为舌头中间的阴影，表现出伸出舌头的调皮表情，如图10-4-23所示。将舌头填充为红色(C:0，M:100，Y:100，K:0)，效果如图10-4-24所示。

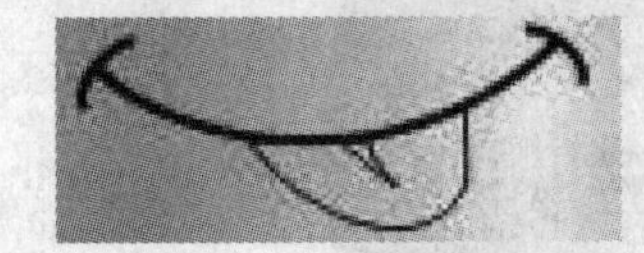

图10-4-23 舌头轮廓

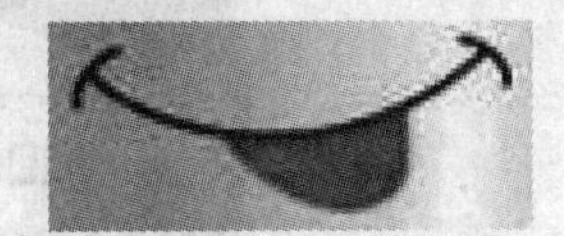

图10-4-24 舌头填充效果

步骤16.用贝塞尔工具和直线工具绘制出杯子的胳膊和手，用矩形工具绘制出手中的木棍，用阴影工具给图形绘制一个比较浅的阴影，最终效果如图10-4-25所示。

图10-4-25 最终效果

小结与练习

本章小结

本章重点学习了写实绘画的技巧。通过本章案例的学习对今后如何以对象的真实原型为依托,进行艺术绘制和处理后创作出电子类、商品类写真作品打下了基础。

练 习

打开CorelDRAW X4应用程序,利用填充工具结合交互式填充工具进行播放器的绘制,效果如图10-1所示。

图10-1 播放器

第11章 宣传单设计

本章重点介绍宣传单绘图的技巧，包括文字工具、艺术字设计、段落文字、文字排版等。这些知识将融入到后面的宣传单绘制案例中。在不断的练习中熟练操作各种绘画技巧，同时希望能够举一反三，触类旁通，创作出更多的优秀作品。

11.1 宣传单设计概述

宣传单主要是指四色印刷机彩色印刷的单张彩页，也包括单色机印刷的单色宣传单。一般复印机复印的单页文件也可以叫宣传单。通俗点讲就是平常说的传单。宣传单分为两类，一类的主要作用是推销产品，发布一些商业信息或寻人启事之类。另外一类是义务宣传，例如宣传人们义务献血等。通常印刷厂印刷的宣传单是用157克双铜纸拼版印刷而成，尺寸规格一般为：210 mm×285 mm，就是一般的复印纸A4大小。

首先来谈一下宣传单的设计制作。无论是餐饮业（酒家、酒店、饭店、小吃店、饮食店等）、美容院美发店发廊、服装店服饰饰品店、网吧、手机店、眼镜店开业等在开业的时候最好能印制一批宣传单并进行有效的派发，这样有三大好处，一是迅速提升店铺的知名度，二是吸引更多新客源，三是提高营业额创造佳绩。无论是规模较大的酒家酒楼，还是小区里刚开业的美容院，都必须要迅速地提高企业的知名度扩大影响力，让更多的客户知道。在开业的宣传单中还应该有吸引人的一些措施，诸如开业时候的打折优惠等，这样通过满足客户喜好便宜心理来吸引客户上门消费。

如何书写宣传单呢？不少人在计划印刷宣传单的时候喜欢先上网搜索开业宣传单的样本或范本。事实上网络上能搜索到的样本很少。做一份好的宣传单主要把握几个方面。首先是根据策划方案来撰写文案（宣传单广告的文字内容），文字内容中首要的是大标题也可以说是主题，记住这不是指店名。要有一个非常吸引人的主题或大标题，例如大标题：广州全城都在吃它！大标题引人注目并且有悬念，吸引人们往下细看宣传广告的内容。再例如由一广告公司设计的福建龙岩的一家鞋店开业的宣传单上印满了各种各样的眼睛，用各种眼睛围成一个椭圆的空白，并在空白处大字写上一句话：请仔细找找看还有什么瑕疵。下面的小字做了详细的说明。这份1万张的宣传单让刚开业的鞋店得到了品质优秀的口碑并在短短几天之内将店内的皮鞋一销而空。作为标题的写法有很多种，例如制造悬念、煽情、温柔关爱等，企业要根据自己的实际情况出发来撰写。

一幅好的图片胜过千言万语。可是有的企业设计宣传单的时候总是想尽办法放一大堆的图片在上面。事实上突出重点就可以了，不用面面俱到。要做的是透过宣传单这个小篇幅的广告来吸引消费者上门或者是将产品或者服务突出重点来说明即可。没有重点，只有一堆文字和图片，那么看过之后，大脑里没有什么印象。美容美发店印刷宣传单或者优惠券的时候不妨放些有关店铺的图片，例如如果店铺外观很漂亮很容易让人一眼就记住，那么就可以放张店铺外观的图片，也可以放些店内及美容美发师工作的图片，以加深消费者的印象。

开业宣传单要突出开业的喜庆气氛同时运用些优惠措施有效吸引客户。招生宣传单、学校宣传单及家教宣传单应注意不要太花哨。例如幼儿园招生宣传单应有童趣的感觉，同时要注意的是宣传单是给家长看的，因此除了有关园内情况介绍、教学说明之外，必须让家长有安全感和认同感。

11.2　文字设计

11.2.1　段落文字

相当一部分人在使用 CorelDRAW X4 排版时没有找到窍门或者没有将 CorelDRAW X4 功能完全了解，导致部分人对 CorelDRAW X4 的文字排版功能不熟悉。其实 CorelDRAW X4 在这方面的功能非常强大。

CorelDRAW X4 排文字有两种方式：美工文字和段落文字。一般情况下排标题及文字比较少而且不用强求对齐的可用美工文字方式。如果有大段文字而且要分行及对齐的一定要用段落文字。

- 字符格式化：设定字体、字号等。一般在属性栏里就可以设置。需要文字对齐的一定要用段落文本方式。将 Word 中的文字复制后，在 CorelDRAW X4 里用文字工具绘制一个文本框，按“Ctrl”+“V”快捷键将刚才复制的文字粘贴进来，这时就可以设置文字格式了。按“Ctrl”+“T”快捷键调出“字符格式化”面板，如图 11-2-1 所示。
- 段落格式化：设定对齐方式、间距、缩进量和文本方向。一般用 9 号字，输入“7 mm”，字号越大，此处输入的数字也就相应增大，如图 11-2-2 所示。

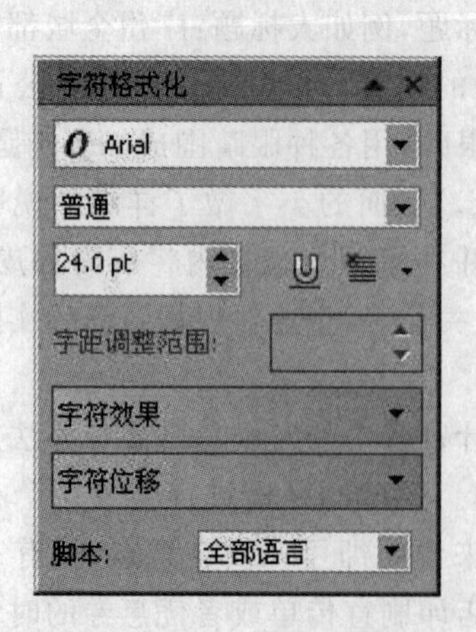

图 11-2-1　字符格式化

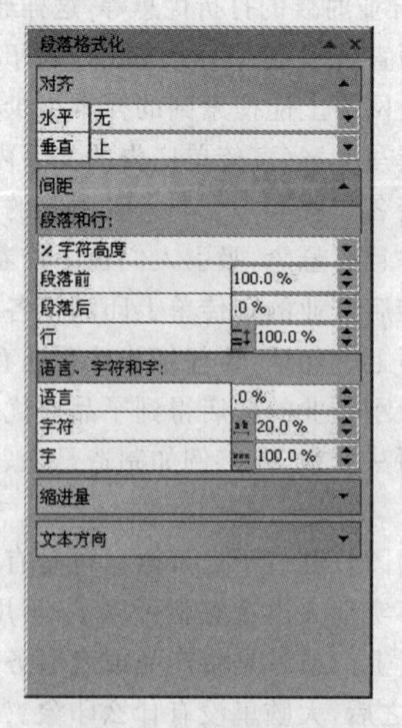

图 11-2-2　段落格式化

11.2.2　艺术字设计

艺术字是经过专业的字体设计师艺术加工的汉字变形字体，字体特点符合文字含义，具有美观有趣、易认易识、醒目张扬等特性，是一种有图案意味或装饰意味的字体变形。艺术字能从汉字的义、形和结构特征出发，对汉字的笔画和结构作合理的变形装饰，书写出美观形象的变体字。艺术字经过变体后，千姿百态，变化万千，是一种字体艺术的创新。

艺术字广泛应用于宣传、广告、商标、标语、黑板报、企业名称、会场布置、展览会，以及商品包装和装潢、各类广告、报纸杂志和书籍的装帧上，等等，越来越被大众喜欢。

艺术字体是字体设计师通过对中国成千上万的汉字，通过独特统一的变形组合，形成有固定装饰效果的字体体系，并转换成 TTF 格式的字体文件，用于安装在电脑中使用，这样才可以叫做艺术字体。艺术字体是现在传统字体的有效补充。汉字和英文有着本质的区别，因为汉字有庞大的字体体系，所以一套字体的出现需要巨大的工作量，造成中国几千年字体的单一，不像英文字体有几万种。所以中国字体任重道远，每种字体的出现都有效地丰富了中国字体艺术，满足现在字体使用者追求个性创新的思想。

11.3　案例:婴儿教育宣传单

11.3.1　案例说明

本案例主要运用了文本工具、形状工具等知识，介绍如何在 CorelDRAW X4 软件中制作宣传单。

11.3.2　制作过程

宣传单的素材图和最终效果，如图 11-3-1～图 11-3-7 所示。

图 11-3-1　素材 1

图 11-3-2　素材 2

图11-3-3 素材3

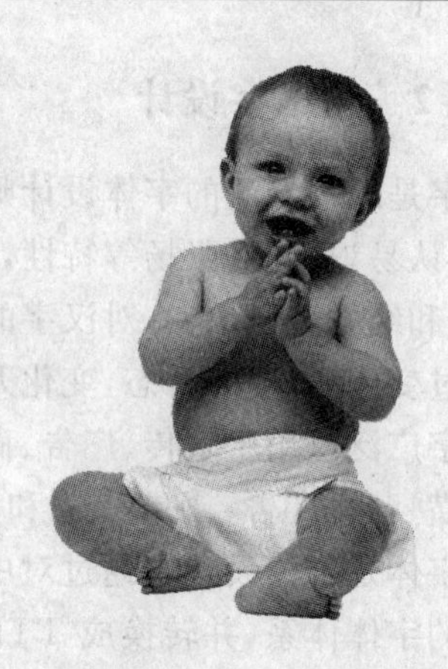

图11-3-4 素材4

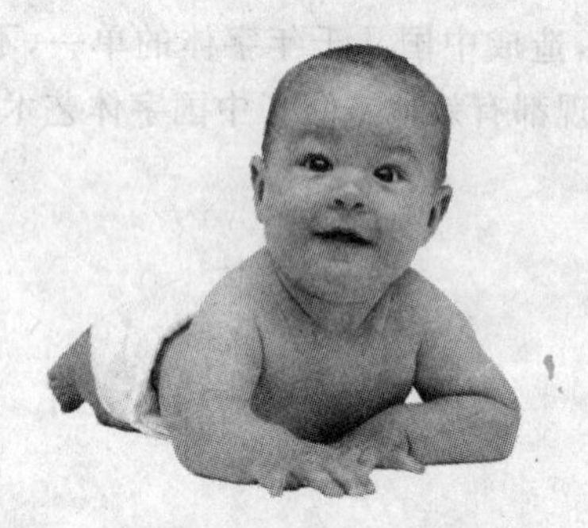

图11-3-5 素材5

图11-3-6 素材6

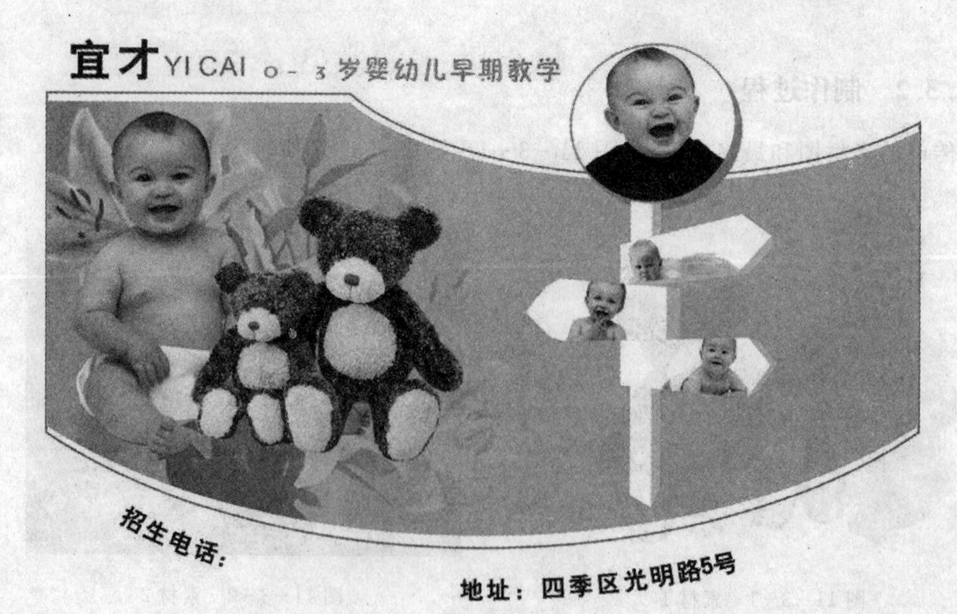

图11-3-7 最终效果

步骤1.新建一个文档,在属性栏中单击“横向”按钮,将页面横向放置。选择矩形工具,绘制如图11-3-8所示的矩形,填充为黄色(C:3,M:4,Y:32,K:0)。

步骤 2. 选择椭圆工具，在矩形的右上角绘制如图 11－3－9 所示的椭圆。

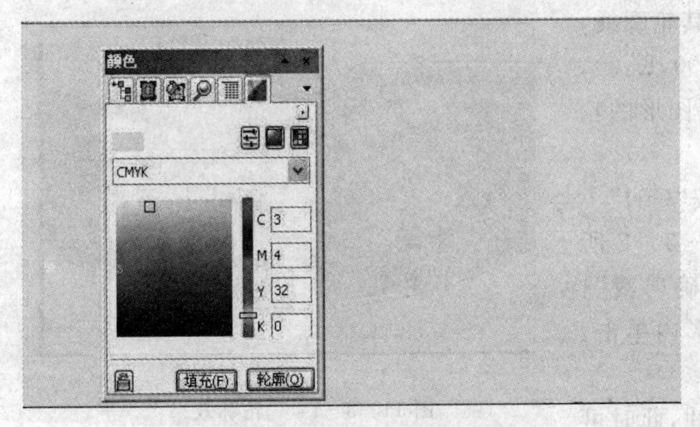

图 11－3－8　矩形填充为黄色

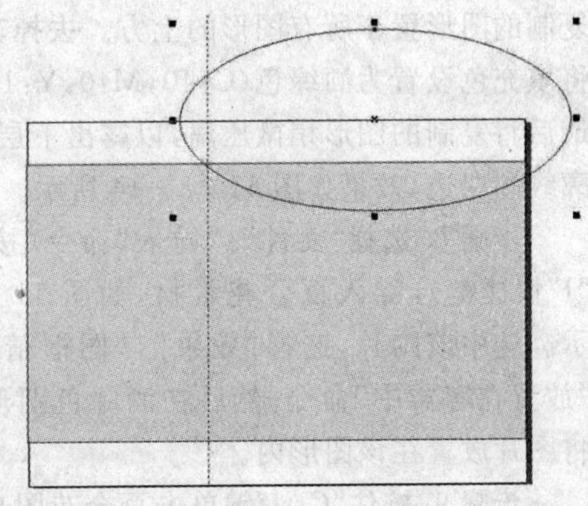

图 11－3－9　绘制椭圆

步骤 3. 按住“Shift”键的同时分别选中椭圆和矩形，单击属性栏中的“后减前”按钮，得到如图 11－3－10 所示的效果。

步骤 4. 在图 11－3－10 中绘制一个椭圆，如图 11－3－11 所示。

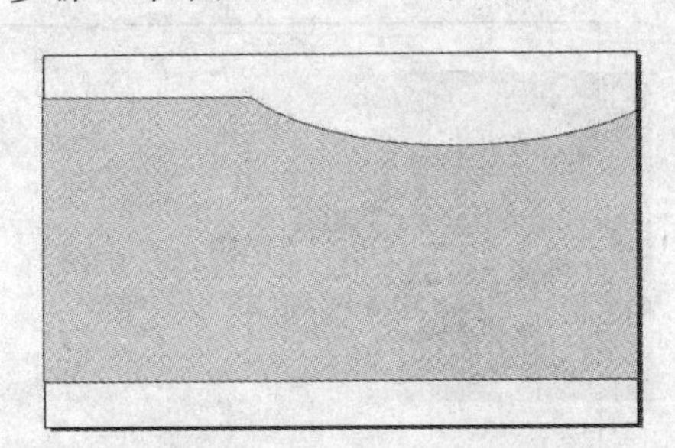

图 11－3－10　减去区域效果

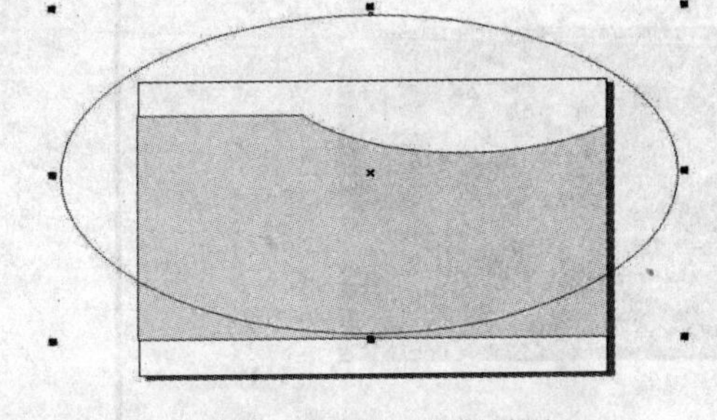

图 11－3－11　绘制椭圆

步骤 5. 按住“Shift”键的同时分别选中椭圆和步骤 3 所得的图形，单击属性栏中的“相交”按钮后，选中矩形外的椭圆部分，按“Delete”键删除，得到如图 11－3－12 所示的效果。

步骤 6. 将前面得到的图形的填充色设置为白色，轮廓色设置为绿色（C:100，M:0，Y:100，K:0），粗细设置为 2mm，如图 11－3－13 所示。

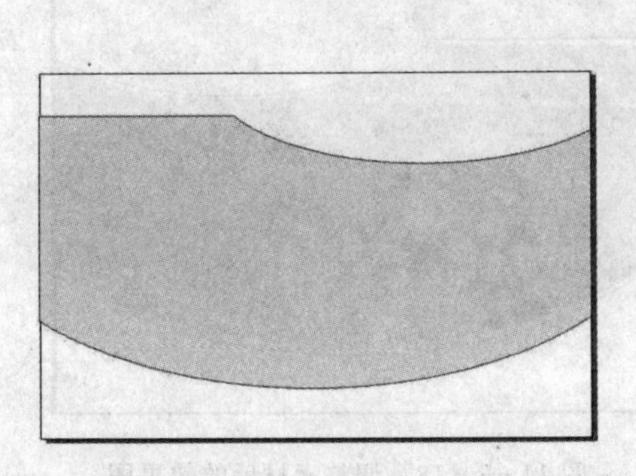

图 11－3－12　删除矩形外的部分

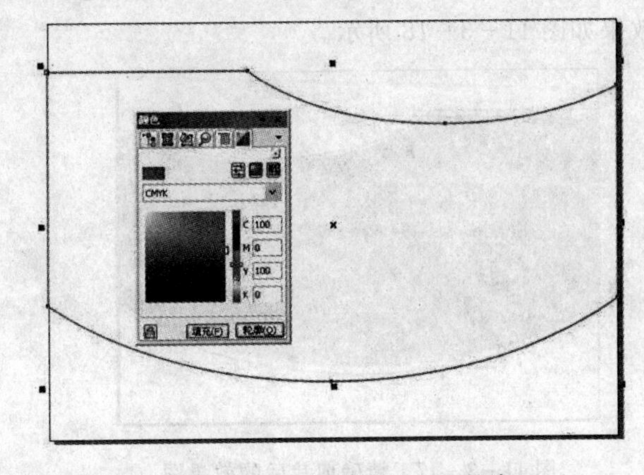

图 11－3－13　填充图形和轮廓

步骤7.将该图形复制一份(按一下小键盘上的“+”键),并按“Shift”+“PageUp”快捷键,将复制的图形置于所有图形的上方。去掉其轮廓线,将填充色设置为酒绿色(C:40,M:0,Y:100,K:0),最后将复制的图形稍微压扁,以露出下层图形的轮廓线和白边,效果如图11-3-14所示。

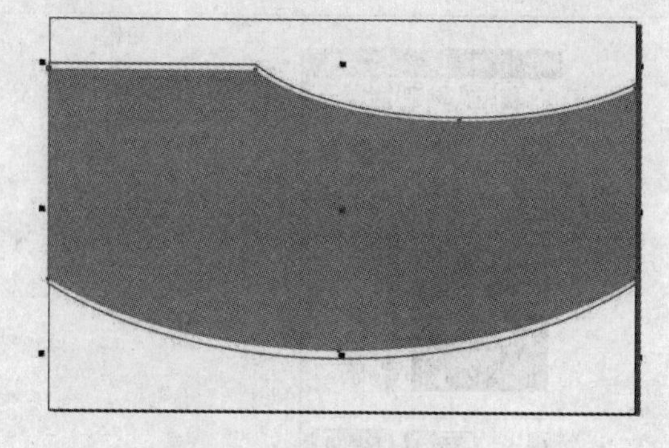

图11-3-14　轮廓效果

步骤8.选择“文件”|“导入”命令(按“Ctrl”+“I”快捷键),导入百合花素材,如图11-3-2所示。选中该图片,选择“效果”|“图框精确剪裁”|“放置在容器中”命令,然后在酒绿色图形内单击,将图片放置在该图形内。

步骤9.按住“Ctrl”键单击百合花图片,此时可以对容器内的图像进行编辑,容器图形以灰色的线框显示,如图11-3-15所示。

步骤10.选择交互式透明工具,在属性栏中的“透明度类型”下拉列表中选择“线性”选项,并调整透明度控制线的位置,效果如图11-3-16所示。

图11-3-15　添加花卉

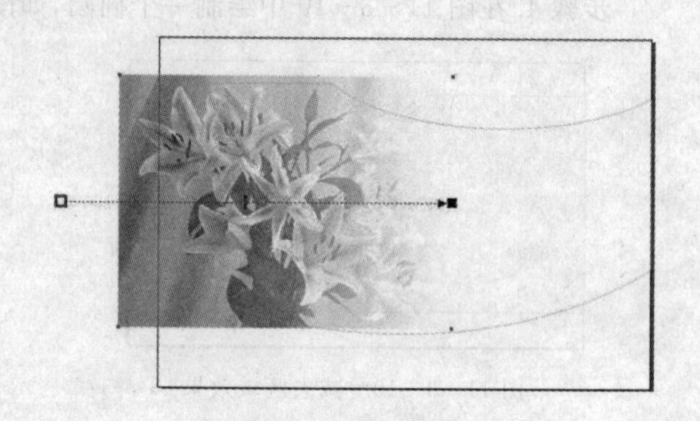

图11-3-16　花卉透明效果

步骤11.选择“效果”|“图框精确剪裁”|“结束编辑此级别”命令,得到如图11-3-17所示的效果。

步骤12.导入(按“Ctrl”+“I”快捷键)如图11-3-1所示的素材文件,调整其大小和位置,效果如图11-3-18所示。

图11-3-17　精确剪裁后的效果图

图11-3-18　调整素材后的效果图

步骤 13. 选择钢笔工具，在页面中绘制如图 11－3－19 所示的白色四边形，去掉其轮廓线。

步骤 14. 然后将四边形复制一份并且水平镜像，将复制图形的填充颜色更改为 20％灰度(C：0，M：0，Y：0，K：20)，并向右边移动。使用形状工具调整节点的位置，效果如图 11－3－20 所示。

图 11－3－19　添加四边形

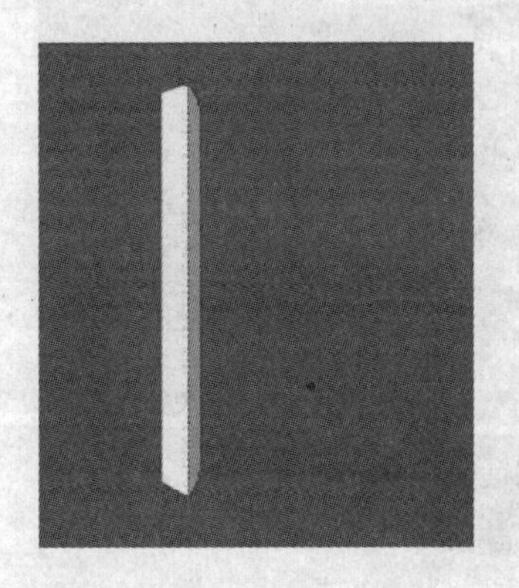

图 11－3－20　立体效果

步骤 15. 选中两个四边形，按“Ctrl”＋“I”快捷键将其群组，调整合适的大小及位置，效果如图 11－3－21 所示。

步骤 16. 用钢笔工具绘制如图 11－3－22 所示的图形，填充为白色并设置其轮廓线颜色为 30％黑(C：0，M：0，Y：0，K：30)。

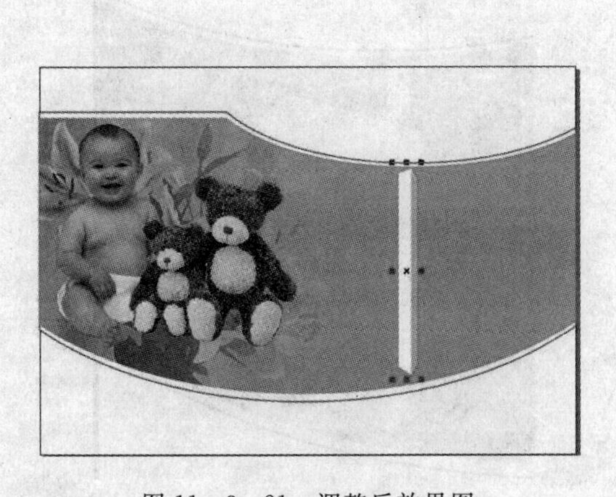

图 11－3－21　调整后效果图

图 11－3－22　绘制后效果图

步骤 17. 选择交互式立体化工具，在图形上单击并向右下方拖动鼠标，到合适的位置后释放鼠标，即可得到如图 11－3－23 所示的立体效果。

步骤 18. 在交互式立体化工具属性栏中单击“颜色”按钮，在弹出的面板中单击“使用纯色”按钮，在弹出的颜色列表中选择 20％黑(C：0，M：0，Y：0，K：20)，更改后的图形立体化效果如图 11－3－24 所示。

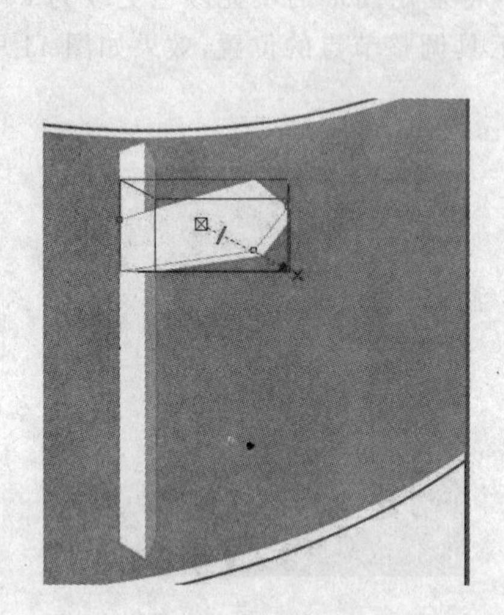

图 11-3-23　立体效果

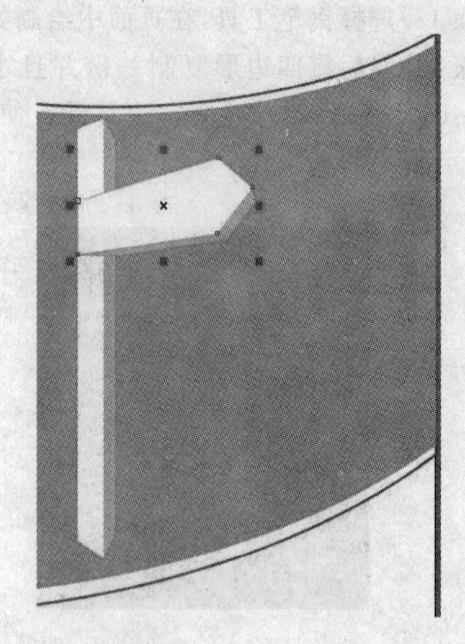

图 11-3-24　填充阴影

步骤 19. 用同样的方法绘制指示牌，填充为 30％黑(C:0,M:0,Y:0,K:30)，设置其轮廓线颜色为 30％黑(C:0,M:0,Y:0,K:30)，为它们添加立体化效果，并在其属性栏中的"颜色"按钮弹出面板中设置为白色，效果如图 11-3-25 所示。

步骤 20. 用同样的方法绘制另一个指示牌，为它们添加立体化效果，并在其属性栏中的"颜色"按钮弹出面板中设置为 20％黑(C:0,M:0,Y:0,K:20)，效果如图 11-3-26 所示。

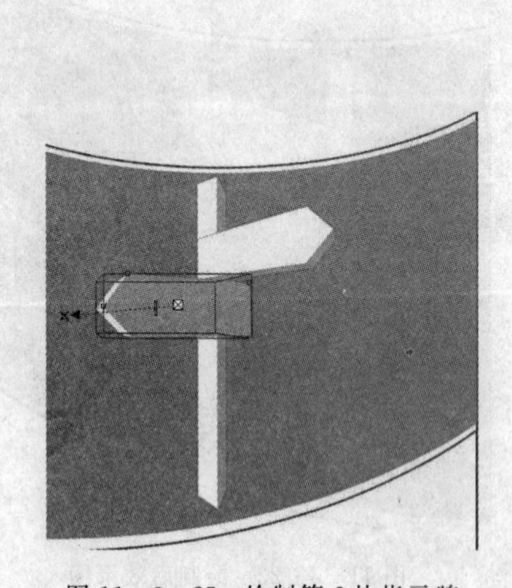

图 11-3-25　绘制第 2 块指示牌

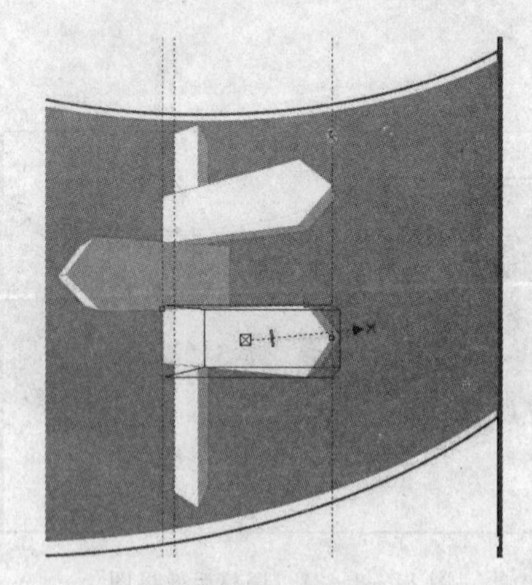

图 11-3-26　绘制第 3 块指示牌

步骤 21. 导入如图 11-3-3 所示的素材文件，调整其大小和位置，然后选择形状工具，双击添加节点，然后调整 5 个节点的位置，效果如图 11-3-27 所示。

步骤 22. 导入如图 11-3-4 所示的素材文件，调整其大小和位置，然后用步骤 21 中的办法调整图像的位置，效果如图 11-3-28 所示。

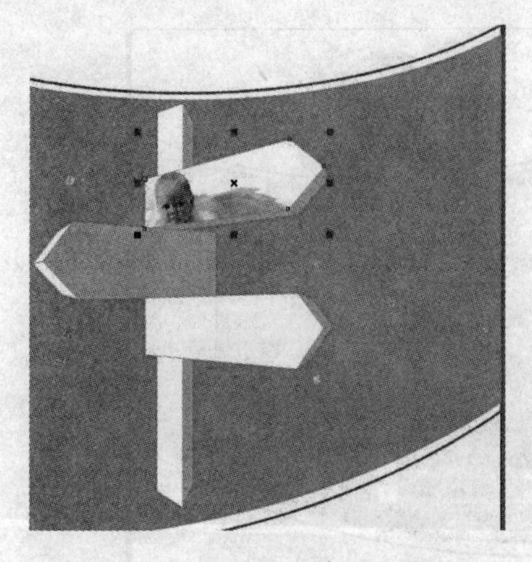

图 11-3-27　给第 1 块指示牌添加素材

图 11-3-28　给第 2 块指示牌添加素材

步骤 23. 导入如图 11-3-5 所示的素材文件，调整其大小和位置，然后用同样的办法调整图像的位置，效果如图 11-3-29 所示。

步骤 24. 选择椭圆工具绘制一个椭圆，并填充为橙色(C:0,M:100,Y:100,K:0)，去掉其轮廓线，然后使用自由变换工具将其变换，并调整其叠放次序，效果如图 11-3-30 所示。

图 11-3-29　给第 3 块指示牌添加素材

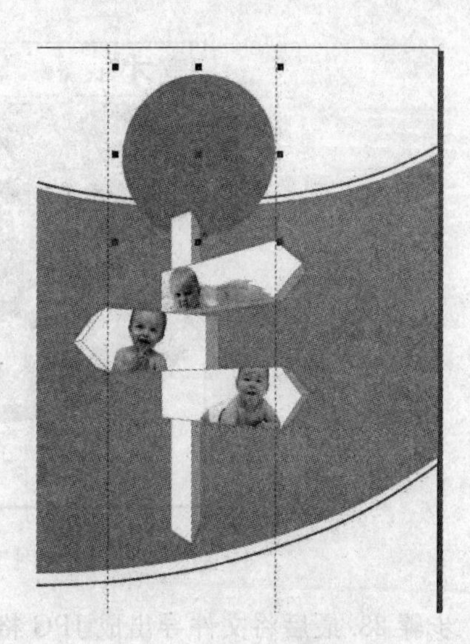

图 11-3-30　绘制椭圆

步骤 25. 将变换后的椭圆复制一份，将填充颜色更改为白色，轮廓线颜色设置为橘红色(C:0,M:60,Y:100,K:0)，粗细设置为 2 mm，然后按“Shift”+“PageUp”快捷键，将其调整到所有对象的上方，效果如图 11-3-31 所示。

步骤 26. 导入如图 11-3-6 所示的素材文件，用同样的方法裁剪图片，得到如图 11-3-32 所示的效果。

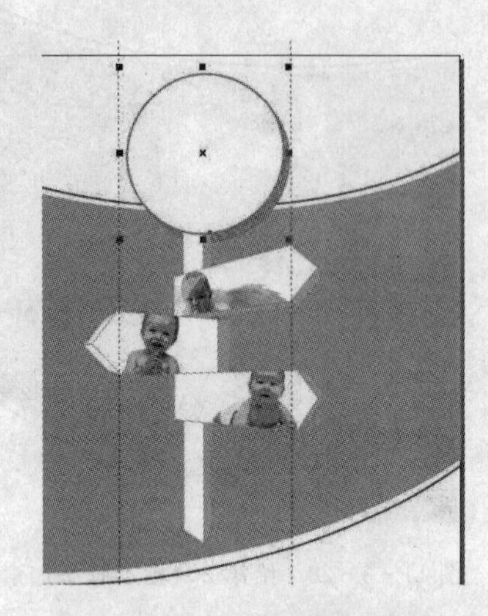

图 11-3-31 上部指示牌效果　　　　图 11-3-32 添加素材

步骤 27. 最后为宣传单添加文字。最下面的招生电话和地址使用的是沿路径输入文本的方法。使用钢笔工具绘制一条弧线，选择文本工具后，在弧线左侧的端点处单击，光标呈输入状态时，输入文字即可，如图 11-3-33 所示。最终效果如图 11-3-7 所示。

图 11-3-33 最终效果图

步骤 28. 最后将文件导出成 JPG 格式。选择菜单“文件”|“导出”命令，在弹出的对话框中单击“导出”按钮，接着默认单击“确定”按钮后，导出文件成功。再用 Photoshop 打开该文件，调整图像宽度大小为 700 像素，即完成制作。

11.4 拓展案例：卡通宣传单

11.4.1 案例说明

本案例主要介绍在 CorelDRAW X4 软件中运用贝塞尔曲线工具绘制图形，运用渐变填充工具填充颜色，运用形状工具对图形进行调整等知识。

11.4.2　制作过程

图 11-4-1　最终效果

卡通宣传单最终效果，如图 11-4-1 所示。

步骤 1. 绘制鼹鼠的身体。用贝塞尔工具绘制出鼹鼠圆润的身体，并填充为黑色。也可以用两个椭圆焊接之后添加节点的方式调节成如图 11-4-2 所示的形状。

步骤 2. 绘制肚皮。按“Ctrl”+“D”快捷键复制一个身体，缩小后用形状工具选中，按“Ctrl”+“Q”快捷键转换为曲线后通过添加节点的方式调节为如图 11-4-3 左图所示的形状后填充为灰色（C：0，M：0，Y：0，K：20），效果如图 11-4-3 右图所示。

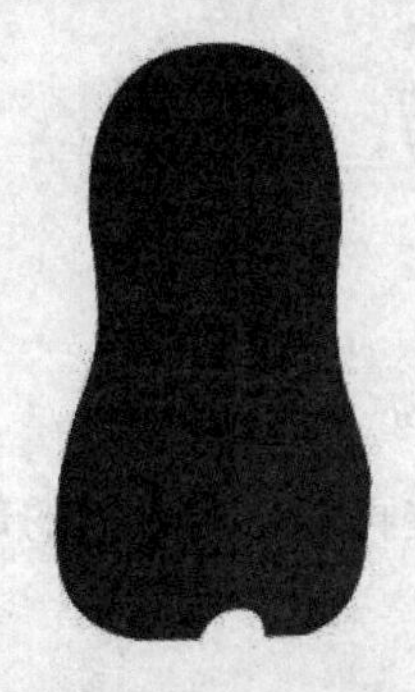
图 11-4-2　身体

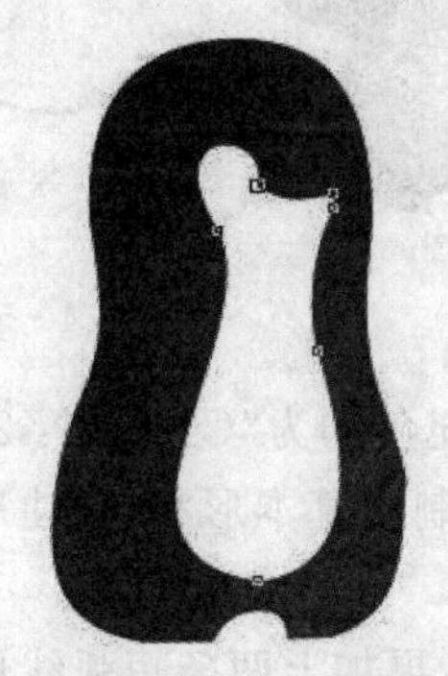
图 11-4-3　肚皮

步骤 3. 绘制手臂。用贝塞尔工具绘制出一个四边形，转曲后用形状工具调节得圆润一些，放在身体左侧如图 11-4-4 左图所示，并填充为黑色，形成左臂。复制一份水平翻转后放在身体右侧，缩短一些形成右臂，效果如图 11-4-4 右图所示。

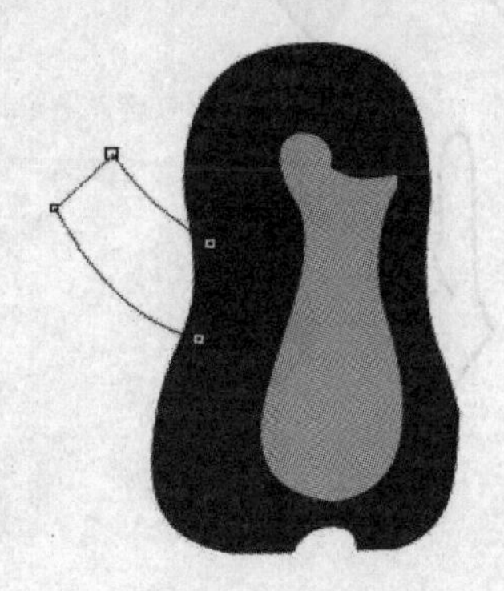

图 11-4-4　手臂

步骤 4. 绘制五官。五官的轮廓宽度均为 0.706 mm，绘制完每一部分之后最好按“Ctrl”+“G”快捷键群组以方便移动。五官绘制具体方法如下。

①眼睛:绘制一大一小两个椭圆,大椭圆填充为白色,小椭圆填充为黑色,形成左眼,再复制一份水平翻转后放在右边形成右眼。

②鼻子:先用贝塞尔工具绘制一个三角形,调节圆滑一些后填充为黑色,再绘制一个小三角形填充为红色置于其上。

③嘴巴:上嘴唇由一长一短两条弧线组成,直接用贝塞尔工具绘制。下嘴唇可先绘制一个三角形,转曲后调节圆滑一些。

④头发和胡须:先绘制一个细长的三角形,调节圆滑一些形成一根胡须,然后按“Ctrl”+“D”快捷键复制出另外5根,其中3根放在头顶,3根放在鼻子右侧。绘制效果如图11-4-5所示。

图11-4-5　五官

步骤5.绘制手和脚。填充色均为“C:3,M:24,Y:53,K:0”。

①手:先用贝塞尔工具绘制出基本形状,转曲后调节圆滑一些再补上未绘制的部分。红色的线条表示后来加上去的部分。

②脚:先绘制一个半圆形,再加上两条短弧线形成脚趾。

鼹鼠的手和脚完成后的效果如图11-4-6所示。

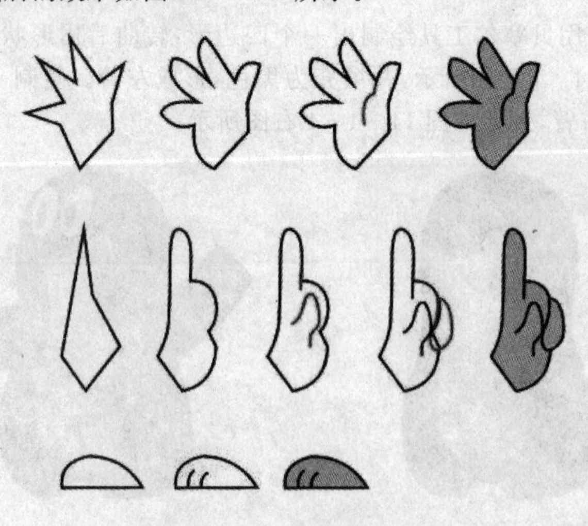

图11-4-6　手和脚

步骤6.绘制脚下的土堆。先绘制一个矩形,转曲后调节为如下形状,填充为“C:0,M:60,Y:60,K:40”,再绘制一些大小不一的小椭圆,分别填充为黑色或者土黄色,杂乱地摆在一起形成小石子，如图 11-4-7 所示。

图 11-4-7　绘制土堆

步骤 7. 加上背景和文字。用矩形工具绘制一个矩形，用交互式填充工具从上到下拖出一个由青色到白色的线性渐变，再用文字工具添加文字，完成后效果如图 11-4-1 所示。

小结与练习

本章小结

本章重点学习了如何用 CorelDRAW 制作宣传单，主要对文字工具、艺术字设计、段落文字、文字排版等知识进行了运用。

练　习

打开 CorelDRAW X4 应用程序，利用矩形工具结合交互式立体工具进行宣传单设计，效果如图 11-1 所示。

图 11-1　宣传画制作图

第 12 章　包装设计

本章重点学习包装设计的方法，这里需要读者领会如何采用矢量软件创作包装设计。矢量软件工具易于操作，处理的速度快、精度高，所以作为输出软件也是极佳的选择。

12.1　包装设计概述

包装是品牌理念、产品特性、消费心理的综合反映，它直接影响到消费者的购买欲望。包装是建立产品与消费者亲和力的有力手段。经济全球化的今天，包装与商品已融为一体，包装作为实现商品价值和使用价值的手段，在生产、流通、销售和消费领域中，发挥着极其重要的作用，是企业、设计者不得不关注的重要课题。包装的功能是保护商品，传达商品信息，方便使用，方便运输，促进销售，提高产品附加值。包装作为一门综合性学科，具有商品和艺术相结合的双重性，如图 12-1-1 所示。

图 12-1-1　产品包装

包装设计即指选用合适的包装材料，运用巧妙的工艺手段，为包装商品进行的容器结构造型、包装的美化装饰设计。

1. 外形要素

外形要素就是商品包装的外形，包括展示面的大小、尺寸和形状。日常生活中所见到的形态有 3 种，即自然形态、人造形态和偶发形态。但在研究产品的形态构成时，必须找到适用于任何性质的形态，即把共同的规律性东西抽出来，称之为抽象形态。

2. 构图要素

构图是将商品包装展示面的商标、图形、文字和色彩组合排列在一起的一个完整画面。这 4 方面的组合构成了包装装潢的整体效果。商品设计构图要素商标、图形、文字和色彩运用得正确、适当、美观，就可以成为优秀的作品。

3. 材料要素

材料要素是商品包装所用材料表面的纹理和质感。它往往影响到商品包装的视觉效果。利用不同材料的表面变化或表面形状可以达到商品包装的最佳效果。包装用材料，无论是纸类材料、塑料材料、玻璃材料、金属材料、陶瓷材料、竹木材料以及其他复合材料，都有不同的质地肌理效果。运用不同材料，并妥善地加以组合配置，可给消费者以新奇、冰凉或豪华等不同的感觉。材料要素是包装设计的重要环节，它直接关系到包装的整体功能和经济成本、生产加工方式及包装废弃物的回收处理等多方面的问题。

12.2　案例:包装袋设计

12.2.1　案例说明

本案例运用 CorelDRAW X4 制作“茶道人生”包装袋,重点介绍包装袋的平面展开图和立体效果图的设计方法和制作技巧。

12.2.2　制作过程

最终效果图包括两部分,平面展开图和立体效果图,分别如图 12-2-1 和图 12-2-2 所示。

图 12-2-1　包装平面展开图

图 12-2-2　包装立体效果图

步骤 1. 设计包装袋正面。打开 CorelDRAW X4 应用程序,选择菜单“文件”|“新建”命令,创建一个 A4 尺寸的纵向默认页面,再选择菜单“版面”|“页面设置”命令,打开“选项”对话框,参数设置如图 12-2-3 所示,单击“确定”按钮。再在标准工具栏中设置显示比例为 400 %,以便更加准确地添加辅助线。

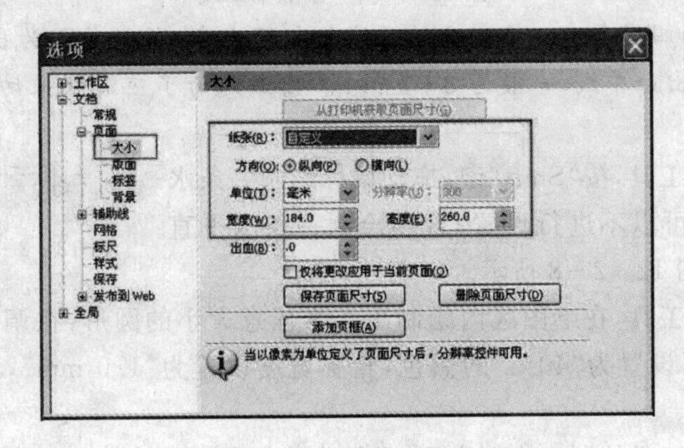

图 12-2-3　“选项”对话框

步骤 2. 移动鼠标至水平标尺上,按下鼠标左键向下拖出一条水平辅助线,在选项栏中将“y”

设置为“257.0 mm”，如图 12-2-4 所示，便可在垂直标尺的 257 mm 处添加一条水平辅助线。使用同样的方法，从垂直标尺处按住鼠标左键往右拖动添加一条垂直辅助线，在选项栏中将“x”设置为“3.0 mm”，便可在水平标尺的 3 mm 处添加一条垂直辅助线。

图 12-2-4　设置水平辅助线的位置

步骤 3. 选择菜单“工具”|“选项”命令，打开其对话框，然后单击“辅助线”前面的“+”按钮，在展开的选项中选择“水平”，在右侧文本框中输入“3.000”，并单击“添加”按钮，添加一条水平数值为 3 mm 的辅助线，参数设置如图 12-2-5 所示，单击“确定”按钮。

步骤 4. 接着设置“垂直”选项，添加一条数值为 181.08 mm 的垂直辅助线，参数设置如图 12-2-6所示，单击“确定”按钮。

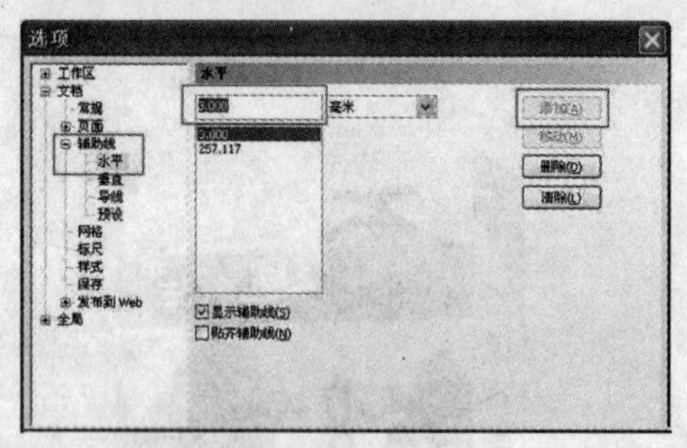

图 12-2-5　水平辅助线设置

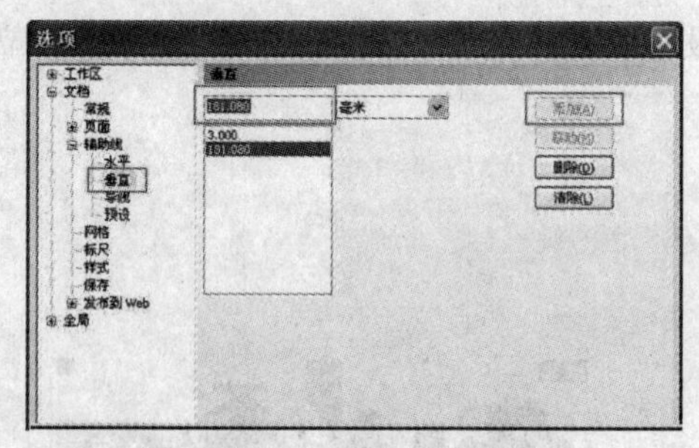

图 12-2-6　垂直辅助线设置

步骤 5. 将显示比例设置为“100%”，添加 4 条辅助线，效果如图 12-2-7 所示。

图 12-2-7　添加辅助线

提示：印刷时版面四周会有一小部分的区域打印不出来，所以称之为出血，而建立辅助线可以作为输出印刷时的出血界线，一般为 3～5 mm。出血是为了应对纸张切割时的损失而预留的区域。

步骤 6. 选择钢笔工具，按“Shift”键，拖动鼠标绘制一条水平直线，参数设置（也可以不进行设置，直接绘制一条水平直线，宽度为 1 mm）如图 12-2-8 所示。

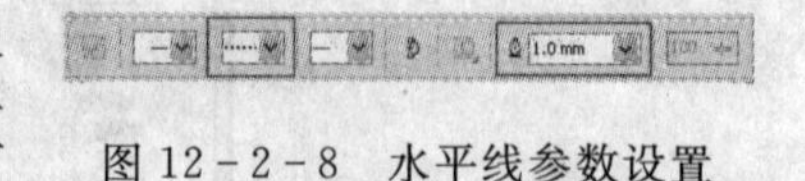

图 12-2-8　水平线参数设置

步骤 7. 选择椭圆工具，在绘图区内绘制出一个任意大小的圆形，在调色板中单击“10%”的黑色色块，圆形的边框设置为“40%”的黑色，轮廓宽度设置为“1.0 mm”，参数设置和效果如图 12-2-9 所示。

步骤 8. 使用矩形工具绘制一个正方形，并填充为黑色（C:0，M:0，Y:0，K:100），移至正面的右上角，效果如图 12-2-10 所示。

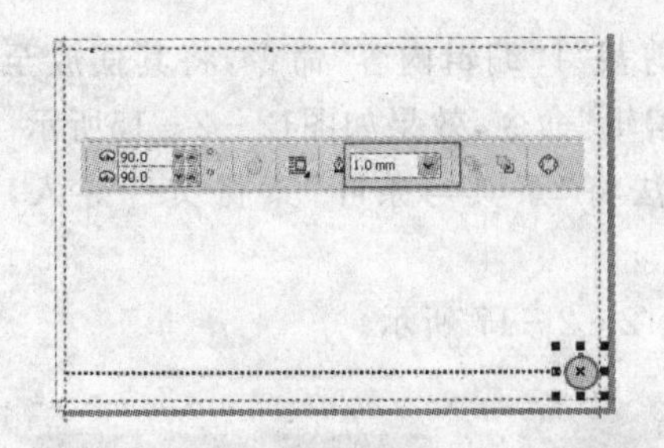

图 12-2-9　圆形参数设置及效果

图 12-2-10　绘制正方形

步骤 9. 在绘图区的中上方绘制一个与页面宽度相同的红色矩形(颜色值为“C:0,M:84,Y:63,K:0”),单击“填充”按钮和“轮廓”按钮,完成后的矩形效果如图 12-2-11 所示。

步骤 10. 选择红色矩形,右击,从快捷菜单中选择“复制”命令,再次右击,从快捷菜单中选择“粘贴”命令,得到另一个红色矩形,将颜色设置为黑色。调整大小与位置,效果如图 12-2-12 所示。

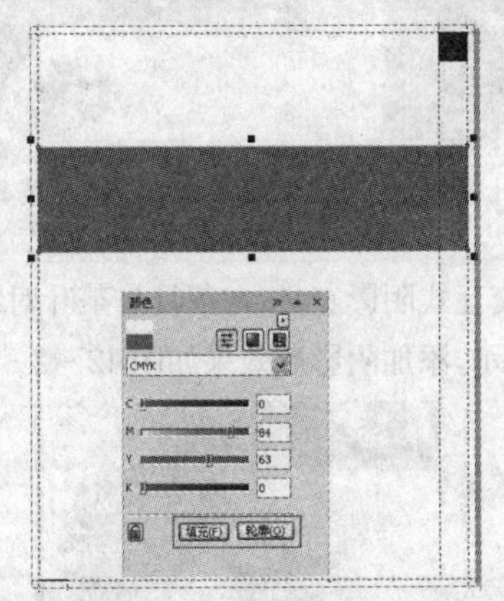

图 12-2-11　绘制红色矩形

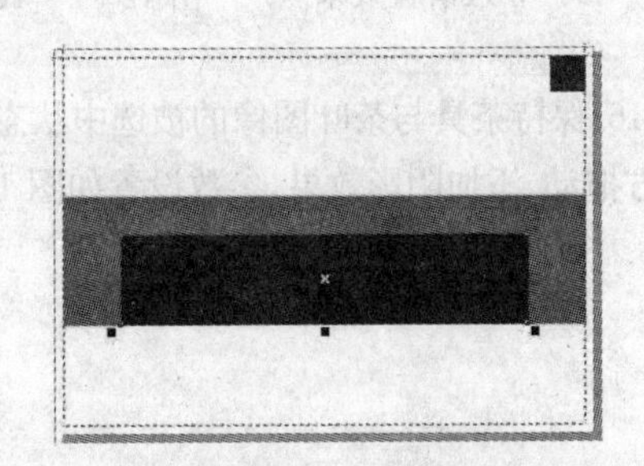

图 12-2-12　绘制黑色矩形

步骤 11. 在工具箱中,选择矩形工具绘制一个矩形。选择菜单“窗口”|“调色板”命令,在“白色”上右击,将边框设为白色。再选择菜单“轮廓工具”|“无轮廓”命令,效果如图 12-2-13 所示。

步骤 12. 按“Ctrl”+“I”快捷键打开“导入”对话框,从文件夹中找到水墨画素材文件,如图 12-2-14所示。

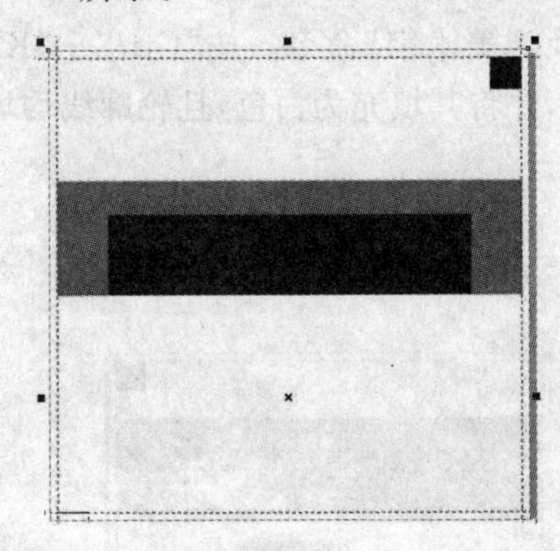

图 12-2-13　边框效果

图 12-2-14　导入素材

步骤 13. 将其导入至 CorelDRAW X4 中,选择菜单“效果”|“图框精确剪裁”|“放置在容器

中”命令，然后调整位置。选择菜单“效果”|“图框精确剪裁”|“编辑内容”命令，将其摆放至合适的位置后，再选择菜单“效果”|“图框精确剪裁”|“结束编辑”命令，效果如图12-2-15所示。

步骤 14. 按“Ctrl”+“I”快捷键，并使用同样的方法将“茶具与茶叶”素材文件导入，如图12-2-16所示。

步骤 15. 将素材图导入至正面的右下方，效果如图 12-2-17 所示。

图 12-2-15　导入素材效果

图 12-2-16　茶具与茶叶素材

图 12-2-17　导入茶具与茶叶后的效果

步骤 16. 保持茶具与茶叶图像的被选中状态，然后选择交互式阴影工具，在茶具与茶叶对象上从左上方往右下方拖动，添加阴影效果，参数设置如图 12-2-18 所示，添加阴影后效果如图 12-2-19 所示。

图 12-2-18　添加阴影

图 12-2-19　添加阴影效果

步骤 17. 在工具箱中选择文本工具，然后在属性栏中设置字体为“方正古隶简体”，大小为“72 pt”，然后在绘图区左侧输入“茶道人生”，在输入时可以按回车键换行，效果如图 12-2-20 所示。

步骤 18. 选择文字后，右击，从快捷菜单中选择“转换为美术字”命令。按“Ctrl”+“K”快捷键，拆分文字，然后将“人生”两字移至黑色矩形的右上方，并将其填充为白色，且轮廓线均填充为白色，效果如图 12-2-21 所示。

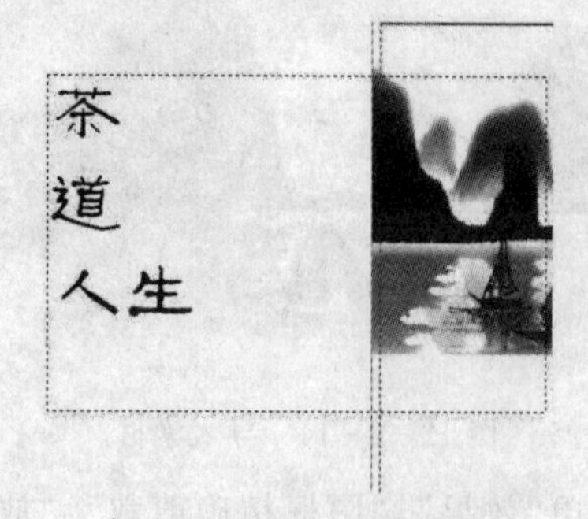

图 12-2-20　添加文字

图 12-2-21　“人生”美术字效果

步骤 19. 将“道”字移至“人生”二字的左上方处，然后更改其字体大小为“110 pt”，并填充为黄色(C:3,M:28,Y:72,K:0)。在工具箱中选择轮廓笔工具，打开“轮廓笔”对话框，然后设置颜色为黄色(C:3,M:28,Y:72,K:0)，宽度为“1.0 mm”，单击“确定”按钮。参数设置如图 12-2-22 所示，效果如图 12-2-23 所示。

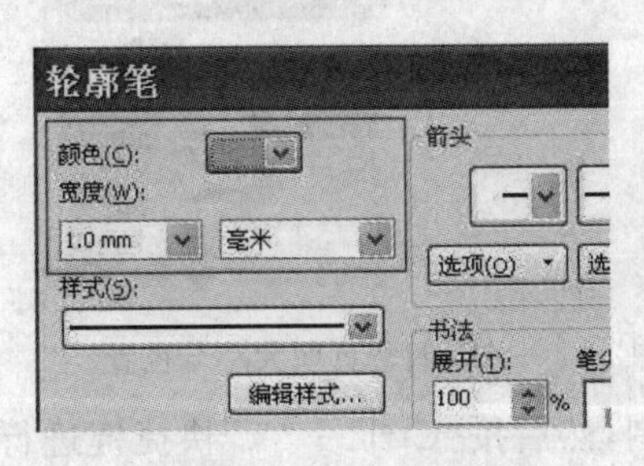

图 12-2-22　轮廓笔设置

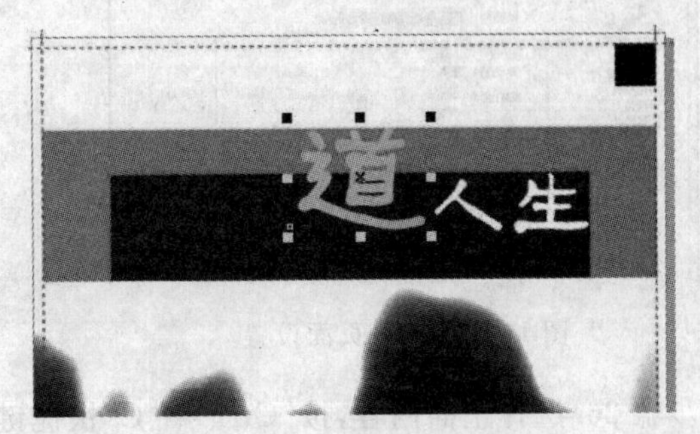

图 12-2-23　“道”美术字效果

步骤 20. 保持“道”字的被选中状态，按“Ctrl”+“C”快捷键与“Ctrl”+“V”快捷键，得到一个“道”字，并填充为白色。右击，在快捷菜单中选择“转换为曲线”命令，在工具箱中选择橡皮擦工具，把“道”字的上半部分涂抹掉，效果如图 12-2-24 所示。

步骤 21. 将“茶”字移至“道”字的左上方，然后更改其字体大小为“150 pt”，在工具箱中选择轮廓笔工具，打开其对话框，宽度设置为“2.0 mm”，单击“确定”按钮，效果如图 12-2-25 所示。

图 12-2-24　“道”上下分色效果

图 12-2-25　“茶”美术字效果

步骤 22. 保持“茶”字的被选中状态，然后选择交互式阴影工具，在“茶”字对象上从上往下拖动，添加阴影效果。工具属性栏的参数设置与效果如图 12-2-26 所示。

步骤 23. 接着输入正面文字“茶艺 · 茶道 · 茶文化 中外饮茶的历史 茶道的故事 茶道人生”，设置字体为黑体，大小为“24 pt”，并调整位置，效果如图 12-2-27 所示。

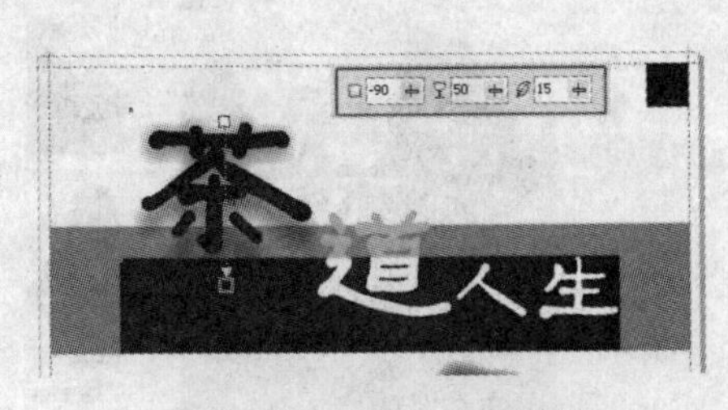

图 12-2-26　美术字阴影

图 12-2-27　添加文字效果

步骤 24. 选择菜单“版面”|“页面设置”命令，然后在打开的对话框中设置页面宽度为388 mm，单击“确定”按钮，以便有更多的页面放置于封底和包装侧面。参数设置如图 12-2-28 所示。

步骤25.设置页面后,按"Ctrl"+"A"快捷键选择全部正面内容,然后移到页面右侧,调整位置,按"Ctrl"+"G"快捷键进行群组,并移动参考线的位置,效果如图12-2-29所示。

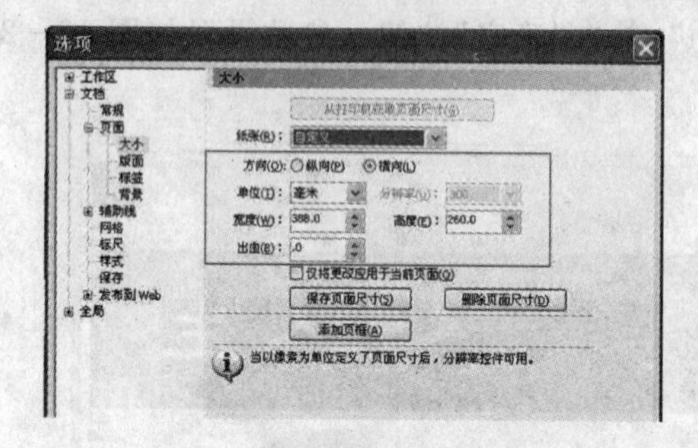

图12-2-28 页面设置

图12-2-29 调整页面大小与位置

步骤26.选择正面内容,按"Ctrl"+"C"快捷键进行复制,然后按"Ctrl"+"V"快捷键进行粘贴,并移动到合适的位置,效果如图12-2-30所示。

步骤27.选择被群组的对象,并按"Ctrl"+"U"快捷键取消群组,将左侧的部分内容删除,只保留红色矩形和水墨画素材,效果如图12-2-31所示。

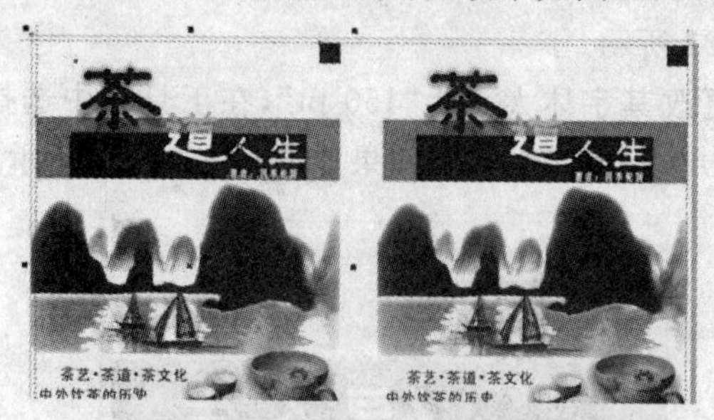

图12-2-30 复制后效果图

图12-2-31 删除左侧部分内容

步骤28.选择菜单"效果"|"图框精确剪裁"|"编辑内容"命令,选中水墨画素材,执行"水平镜像"命令,再选择菜单"效果"|"图框精确剪裁"、"结束编辑"命令,效果如图12-2-32所示。

步骤29.将其移动到合适的位置,选择红色矩形图形,然后按住下方的控制点往下拖动,增大图形的高度,并将其垂直移到页面下方,按"Ctrl"+"PageDown"快捷键向下移一层,效果如图12-2-33所示。

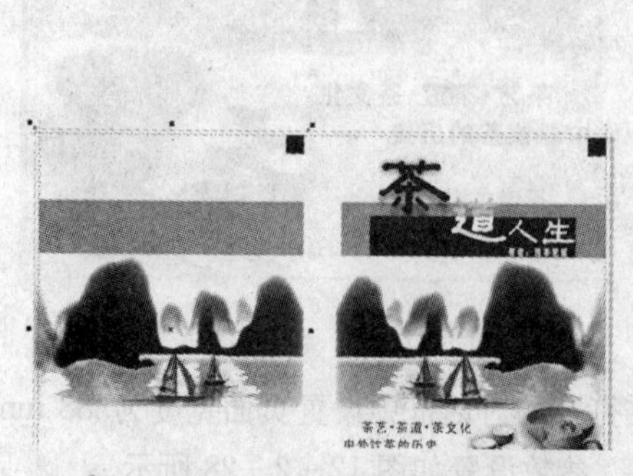

图12-2-32 水平镜像左侧水墨画

图12-2-33 调整左侧水墨画

步骤 30. 选择矩形工具，在正面的左上方绘制一个矩形，并设置填充色和轮廓色均为黑色，效果如图 12－2－34 所示。

步骤 31. 在工具箱中选择文本工具，在黑色矩形内输入“养生”，字体为“方正古隶简体”，大小为“48 pt”，并为其填充为白色，效果如图 12－2－35 所示。

图 12－2－34　绘制矩形

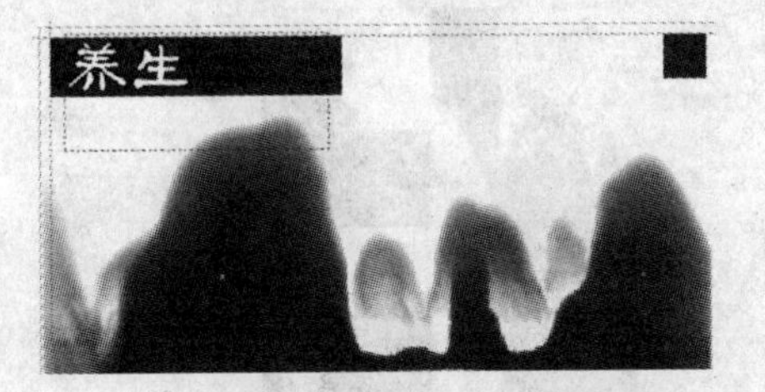

图 12－2－35　添加文字

步骤 32. 选择菜单“文件”|“导入”命令，将包装袋的条形码插入到背面，如图 12－2－36 所示。

步骤 33. 选择矩形工具，然后在包装袋侧面绘制一个矩形，并设置轮廓色为“无”，填充色为“60％黑”，效果如图 12－2－37 所示。

图 12－2－36　条形码

图 12－2－37　绘制矩形

步骤 34. 选择椭圆工具，在包装袋侧面绘制一个椭圆，并设置轮廓色为“无”，填充色为白色，效果如图 12－2－38 所示。

步骤 35. 选择菜单“排列”|“变换”|“旋转”命令，打开旋转面板，将椭圆图形以“－10.0”度旋转，单击“应用”按钮，效果如图 12－2－39 所示。

图 12－2－38　绘制椭圆

图 12－2－39　旋转椭圆

步骤 36. 选中白色椭圆，选择菜单“效果”|“图框精确剪裁”|“放置在容器中”命令，出现“黑色箭头”，在灰色的矩形内单击，然后调整位置。选择菜单“效果”|“图框精确剪裁”|“编辑内容”

命令，将其摆放至合适的位置后，再选择菜单“效果”|“图框精确剪裁”|“结束编辑”命令，效果如图12－2－40所示。

步骤37. 在工具箱中选择文本工具，在包装袋侧面输入名称，如图12－2－41所示。这时该包装袋的平面效果图设计完成，如图12－2－42所示。

图12－2－40　剪裁后的效果

图12－2－41　添加文字

图12－2－42　包装袋平面效果图

步骤38. 选择挑选工具，然后选择右侧的整个正面内容，按“Ctrl”＋“C”快捷键进行复制，然后按“Ctrl”＋“V”快捷键进行粘贴，并将贴上的内容移出，效果如图12－2－43所示。

步骤39. 接着右击，从快捷菜单中选择“群组”命令，将所有内容群组起来。选择菜单“位图”|“转换为位图”命令，将群组的图形转换成位图。参数设置如图12－2－44所示，单击“确定”按钮后，正面效果如图12－2－45所示。

图12－2－43　复制右侧内容

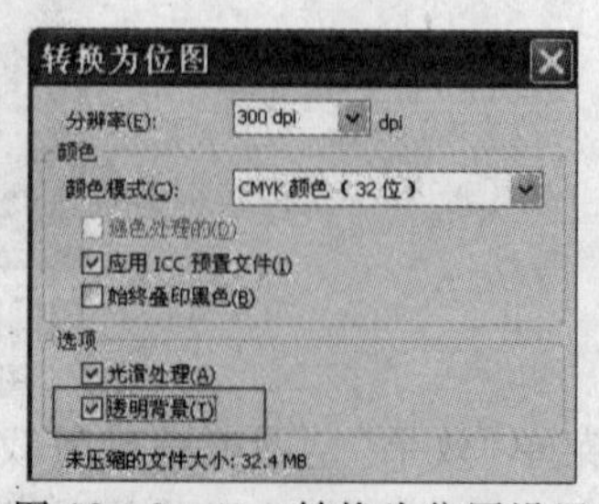

图12－2－44　转换为位图设置

图12－2－45　转化为位图

步骤40.选择正面位图，再选择菜单“位图”|“三维效果”|“三维旋转”命令，打开“三维旋转”对话框，设置垂直旋转为“0”、水平旋转为“10”，如图12-2-46所示。然后单击“确定”按钮，效果如图12-2-47所示。

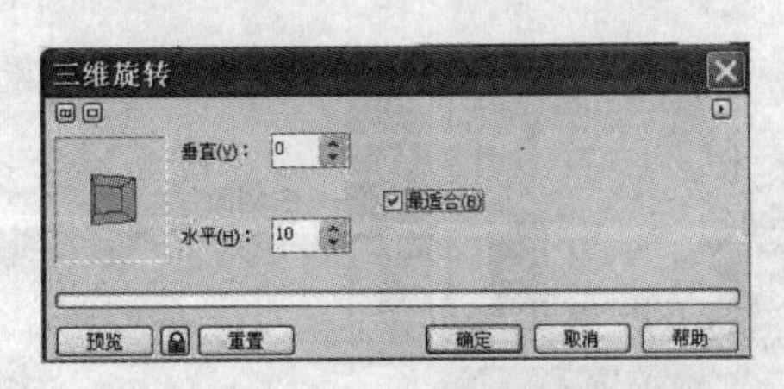

图12-2-46　“三维旋转”对话框

图12-2-47　三维旋转效果

步骤41.使用相同的方法，将包装袋侧面内容复制并粘贴，然后转换为位图。此时选择形状工具调整侧面位图两边多余的端点，删除多余部分。

步骤42.选择包装袋侧面位图，再选择菜单“位图”|“三维效果”|“三维旋转”命令，打开其对话框，设置垂直旋转为“0”、水平旋转为“－10”，如图12-2-48所示。然后单击“确定”按钮，效果如图12-2-49所示。

步骤43.使用形状工具调整包装袋侧面位图，然后将此位图调整到页面最上层，并放置在正面位图左侧，组合成包装袋的立体效果。为了使包装袋立体效果明显，最后可以使用贝塞尔工具在四周绘制黑色线条，最终效果如图12-2-50所示。

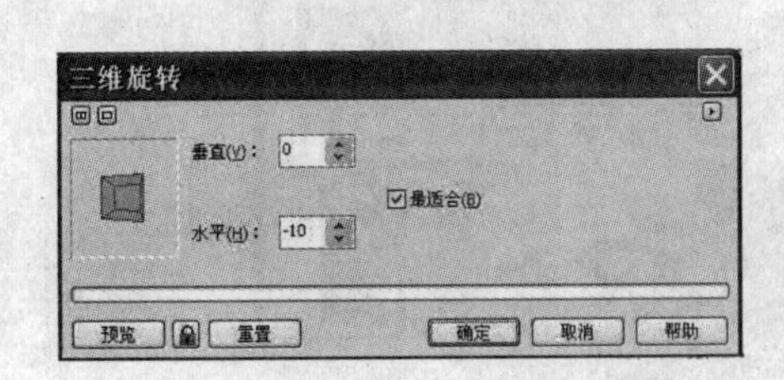

图12-2-48　三维旋转设置

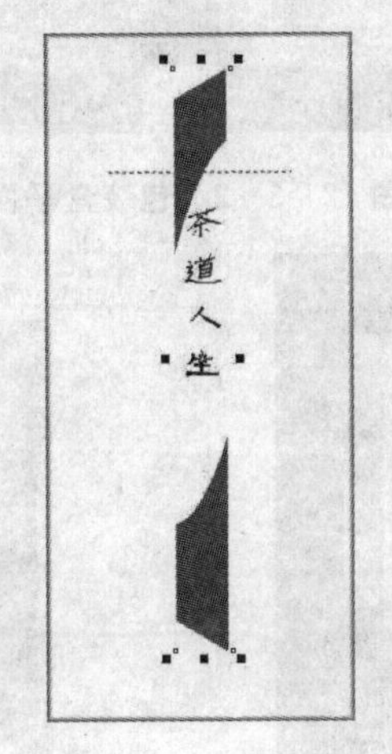

图12-2-49　三维旋转效果

图12-2-50　包装袋立体效果

12.3 拓展案例:包装盒设计

12.3.1 案例说明

本案例通过运用 CorelDRAW X4 制作一个茶叶的纸盒外包装,重点介绍包装盒平面展开图和立体效果图以及立体效果图中倒影的制作方法。包装盒的组成如图 12 - 3 - 1 所示。

图 12 - 3 - 1 包装盒组成结构

12.3.2 制作过程

包装盒平面效果如图 12 - 3 - 2 所示,立体效果如图 12 - 3 - 3 所示,素材如图 12 - 3 - 4 所示。

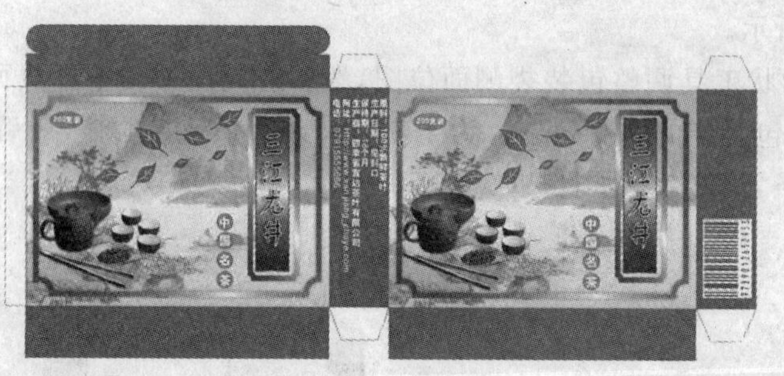

图 12 - 3 - 2 包装盒平面效果

图 12 - 3 - 3 包装盒立体效果

图 12 - 3 - 4 包装盒素材

1. 展开图

步骤 1. 新建一个页面，然后在属性栏中设置新文档的参数，如图 12－3－5 所示。

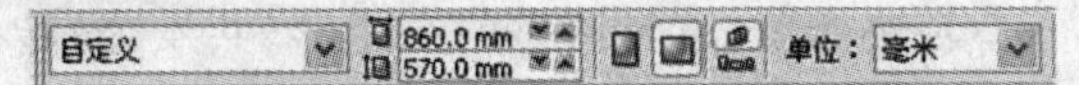

图 12－3－5　新文档参数设置

步骤 2. 下面添加水平辅助线。选择菜单“查看”|“辅助线设置”命令，弹出“选项”对话框，在左侧的选项列表中选择“水平”选项，然后在右侧的参数设置区中依次输入参数值，单击“添加”按钮进行设置，如图 12－3－6 所示。

步骤 3. 设置完水平辅助线后，再在左侧的选项列表中选择“垂直”选项，并在右侧设置其参数，如图 12－3－7 所示。

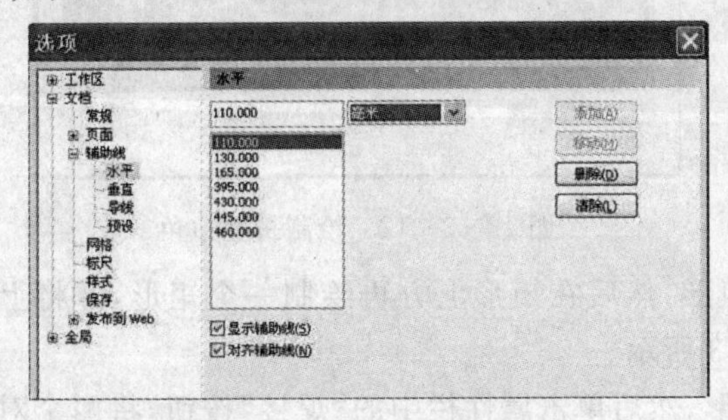

图 12－3－6　水平辅助线设置

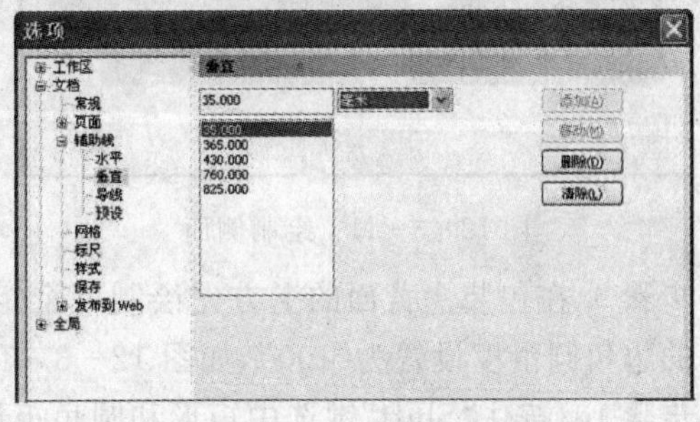

图 12－3－7　垂直辅助线设置

步骤 4. 设置完成后，单击“确定”按钮，绘图页面中添加的辅助线如图 12－3－8 所示。

步骤 5. 首先来绘制包装盒的背面效果图。绘制如图 12－3－9 所示的矩形，并去掉其轮廓线。

图 12－3－8　辅助线效果

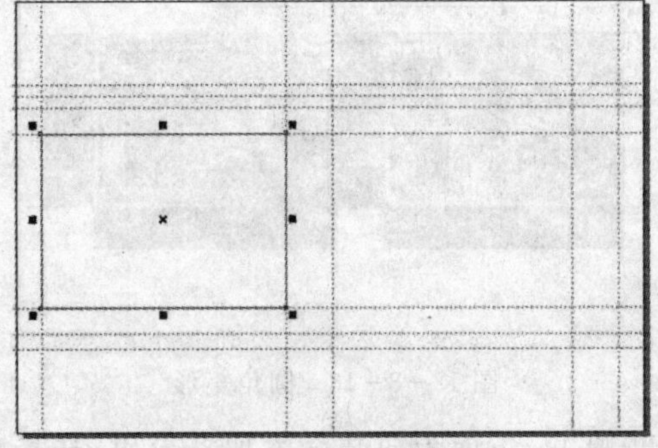

图 12－3－9　绘制矩形

步骤 6. 导入如图 12－3－4 所示的素材，然后复制粘贴到正面，效果如图 12－3－10 所示。

图 12－3－10　正面和背面

步骤7.利用工具箱中的矩形工具，在绘图页面内依次绘制出如图12-3-11所示的图形，填充矩形的颜色为绿色(C:60,M:0,Y:60,K:20)，其轮廓线也填充为绿色。

步骤8.然后按"Ctrl"+"Q"快捷键，将要调整的小矩形(共4个)转换成曲线，再使用形状工具进行调整，效果如图12-3-12所示。

图12-3-11 绘制侧面

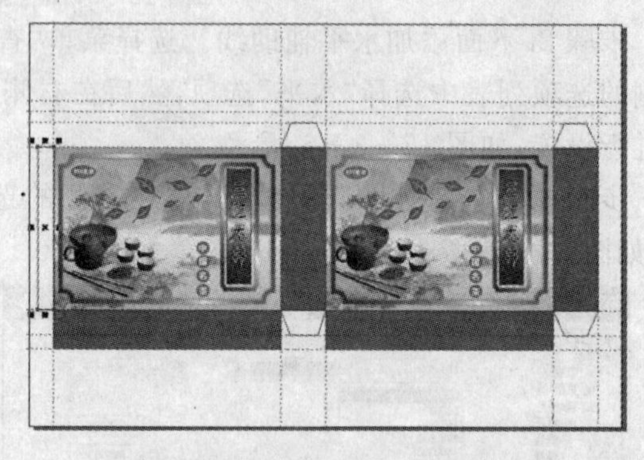

图12-3-12 绘制折叠边角

步骤9.在包装盒背面的上方先绘制一个矩形，然后在矩形上方再绘制一个矩形，并将上面矩形的边角圆滑度设置为"100"，如图12-3-13所示。

步骤10.按住"Shift"键选中矩形和圆角矩形，然后单击属性栏中的"焊接"按钮，将两个对象焊接，也填充为绿色(C:60,M:0,Y:60,K:20)，并去掉其轮廓线，效果如图12-3-14所示。

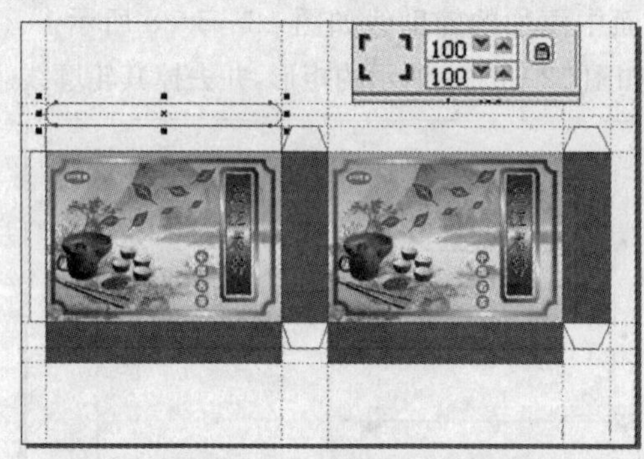

图12-3-13 圆角矩形

图12-3-14 焊接与填充

步骤11.下面为包装盒添加条形码，选择菜单"编辑"|"插入条形码"命令，弹出"条码向导"对话框，设置其参数，然后单击"下一步"按钮，进入"条码向导"参数设置区，保持默认参数不变，再单击"下一步"按钮，仍然使用默认参数，最后单击"完成"按钮，即可在图像中插入条形码，如图12-3-15所示。

步骤12.将条形码调整大小后，移至包装盒的右侧面。在包装盒的左侧面，添加商品的有关信息，如图12-3-16所示。这样，包装盒的平面效果图就制作好了，如图12-3-17所示。

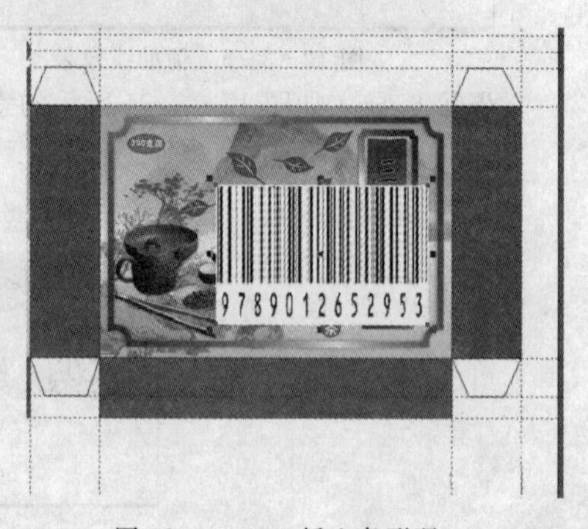

图12-3-15 插入条形码

图 12-3-16 添加文字

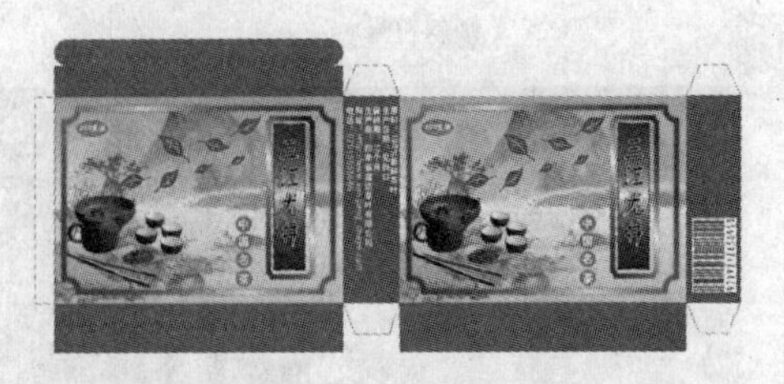

图 12-3-17 平面效果图

2. 包装盒立体图

步骤 1. 新建一个文档，并使页面横向放置。选择矩形工具，创建一个与页面同样大小的矩形，然后填充为黑白射线渐变，如图 12-3-18 所示。在矩形上右击，从弹出的快捷菜单中选择“锁定对象”命令，将背景锁定，如图 12-3-19 所示。

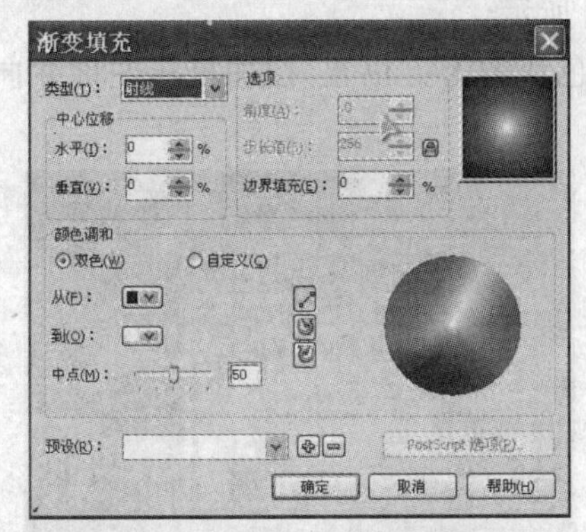

图 12-3-18 渐变填充设置

图 12-3-19 背景效果

步骤 2. 分别将包装盒平面效果图中的正面和右侧面图形复制到新文档中，如图 12-3-20 所示。然后绘制一个无轮廓、填充为青绿色(C:60,M:0,Y:60,K:60)的矩形为顶面，去掉轮廓线，并调整位置如图 12-3-21 所示。

图 12-3-20 复制平面图形至文档

图 12-3-21 添加顶面

步骤 3. 选择挑选工具，在顶面图形上单击，将图形稍微压扁，然后再次单击，将光标放置到图形上面中间的倾斜符号上，向右拖动鼠标，将图形倾斜，得到如图 12-3-22 所示的压扁效果。

步骤 4. 用同样的方法调整包装盒右侧面图形的宽度，然后进行倾斜，从而组合成一个立方体的包装盒，效果如图12-3-23所示。

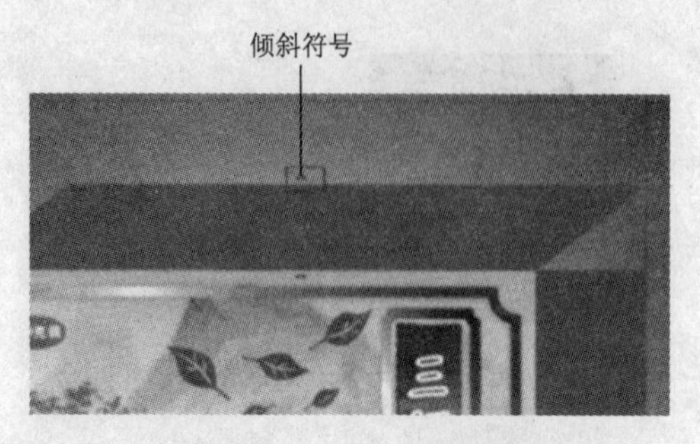

图12-3-22　压扁效果

图12-3-23　调整包装盒右侧

步骤5.现在的立方体包装盒还缺少一些立体感，下面将包装盒的明暗面调整出来。选中包装盒的右侧面，然后将其复制，并填充为黑色(C:0,M:0,Y:0,K:100)，按“Shift”+“PageUp”快捷键将其调整至所有图形的上方，效果如图12-3-24所示。

步骤6.选择交互式透明工具，将光标移动到黑色色块的上方位置，按住鼠标左键并向下拖拽，将黑色图形设置成如图12-3-25所示的透明状。

图12-3-24　右侧上色

图12-3-25　调整右侧透明度

步骤7.用同样的方法为顶面图形添加一个黑色(C:0,M:0,Y:0,K:100)色块，如图12-3-26所示。然后使用交互式透明工具设置其不透明度，效果如图12-3-27所示。

图12-3-26　顶部上色

图12-3-27　调整顶部透明度

步骤8.下面为包装盒添加投影。选择钢笔工具，在绘图页面内依次单击鼠标，如图12-3-28所示，绘制出如图12-3-29所示的黑色图形。连续按“Ctrl”+“PageDown”快捷键，将绘制的黑色图形置于包装盒的底部，效果如图12-3-30所示。同样也为阴影添加透明效果，如图

12 - 3 - 31所示。

图 12 - 3 - 28　制作阴影

图 12 - 3 - 29　阴影雏形

图 12 - 3 - 30　阴影初效

图 12 - 3 - 31　阴影效果图

步骤 9. 选择包装盒的正面图形，并将其在垂直方向上镜像复制，效果如图 12 - 3 - 32 所示。

步骤 10. 选择菜单“位图”|“转换为位图”命令，在弹出的对话框中按如图 12 - 3 - 33 所示进行设置，单击“确定”按钮，将复制的图形转换为位图。然后使用交互式透明工具，设置其不透明度，效果如图 12 - 3 - 34 所示。

图 12 - 3 - 32　制作倒影

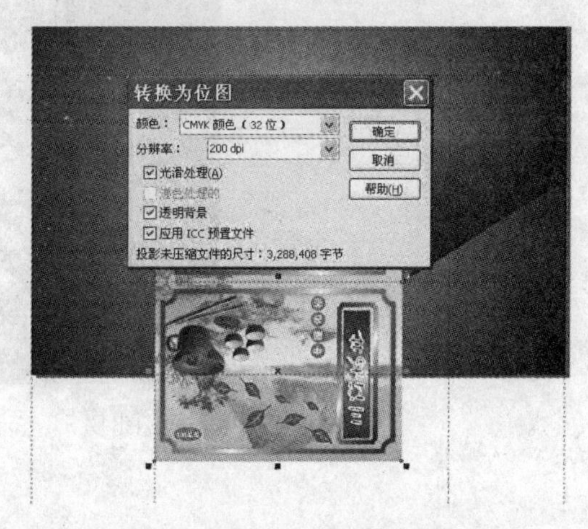

图 12 - 3 - 33　转换为位图设置

图 12-3-34 投影效果

步骤 11. 用同样的方法制作右侧面的投影，如图 12-3-35 所示。使用交互式透明工具，设置其不透明度，如图 12-3-36 所示，最终效果如图 12-3-37 所示。

图 12-3-35 制作右侧面投影

图 12-3-36 设置不透明度后的效果

图 12-3-37 最终立体效果

小结与练习

本章小结

本章重点学习了包装设计的基本知识，了解了用 CorelDRAW 进行包装设计的方法和技巧。

练　习

打开 CorelDRAW X4 应用程序，利用段落文字工具结合交互式立体工具进行包装设计，如图 12-1 所示。

图 12-1　包装图

第 13 章　企业 VI 设计

本章将以“标志设计”、“名片设计”、“员工制服设计”为例，讲解 VI 设计基础知识与设计理念。读者在学习完本章后，能够掌握企业 VI 的设计方法和技巧。

13.1　企业 VI 设计

VI 即 Visual Identity，通译为视觉识别，是企业识别系统（Corporate Identity System，CIS）最具传播力和感染力的部分。VI 将 CIS 的非可视内容转化为静态的视觉识别符号，以无比丰富多样的应用形式，在最为广泛的层面上，进行最直接的传播。设计到位、实施科学的视觉识别系统，是传播企业经营理念，建立企业知名度，塑造企业形象的快速便捷之途，如图 13－1－1 所示。

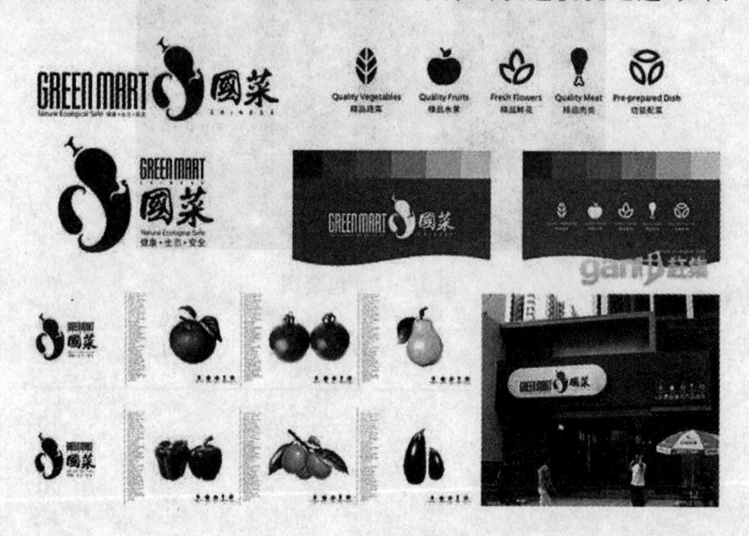

图 13－1－1　企业 VI

VI 设计一般包括基础部分和应用部分两大内容。一个优秀的 VI 设计对一个企业的作用在于以下几方面。

① 明显地将该企业与其他企业区分开来，确立该企业独特的行业特征或其他重要特征，确保该企业在经济活动中的独立性和不可替代性，明确该企业的市场定位，属于企业无形资产的一个重要组成部分。

② 传达该企业的经营理念和企业文化，以形象的视觉形式宣传企业。

③ 以自己特有的视觉符号系统吸引公众的注意力并产生记忆，使消费者对该企业所提供的产品或服务产生最高的品牌忠诚度。

④ 提高该企业员工对企业的认同感，提高企业士气。

13.2　案例:企业标志设计

13.2.1　案例说明

本案例通过在 CorelDRAW X4 软件中制作标志,主要介绍运用贝塞尔工具、椭圆工具等绘制形状,运用渐变填充工具、交互式透明工具、交互式阴影工具等制作立体水晶小球。

13.2.2　制作过程

最终效果如图 13-2-1 所示。

图 13-2-1　最终效果图

步骤 1. 新建一个文档,在属性栏中单击"横向"按钮,将页面横向放置。选择椭圆工具绘制一个椭圆,然后选中此椭圆,单击鼠标右键,复制一个相同的椭圆,如图 13-2-2 所示。

步骤 2. 选择移动工具,将两个椭圆重叠到一起,如图 13-2-3 所示。

图 13-2-2　绘制并复制椭圆

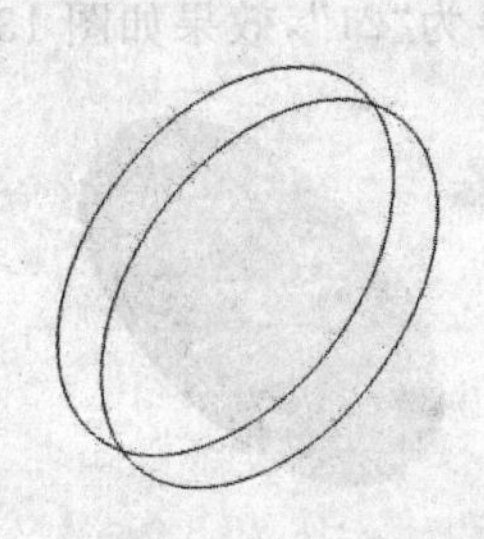

图 13-2-3　椭圆重叠

步骤 3. 选择挑选工具,同时选中编辑区内的两个椭圆,如图 13-2-4 所示。

步骤 4. 单击工具箱中的"修剪工具"按钮 ,修剪后的图形如图 13-2-5 所示。

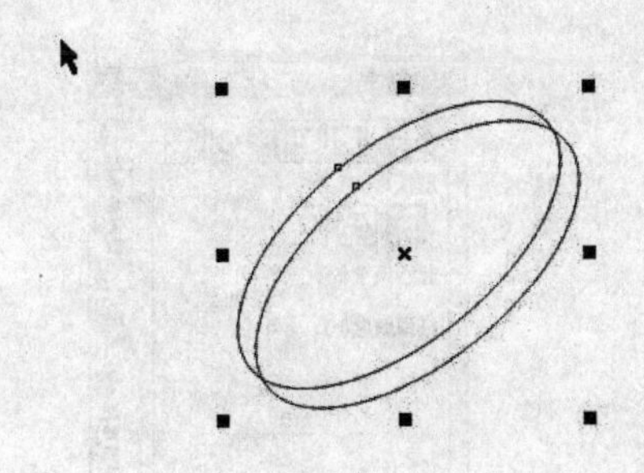

图 13-2-4　选中两个椭圆

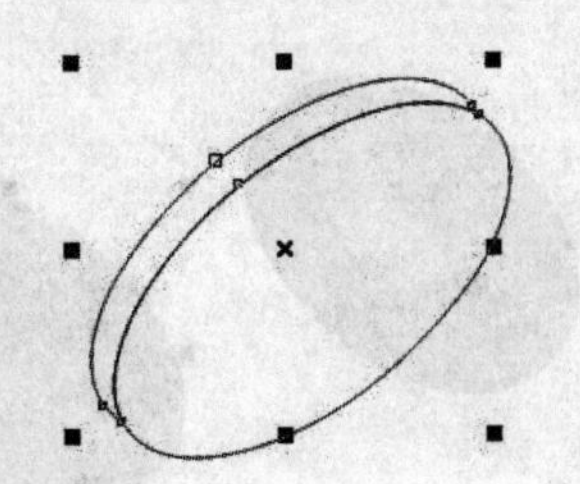

图 13-2-5　修剪效果

步骤 5. 椭圆部分填充为洋红色(C:2,M:96,Y:22,K:0),效果如图 13-2-6 所示。

步骤6.同时选中椭圆和圆弧，选择交互式填充工具，按照如图13-2-7所示方向填充图形的颜色。设置填充方式为“线性”，颜色为从“洋红”到“白色”，渐变填充中心点为“50%”，渐变填充角为“135°”，边界为“27”，使图形更具有质感。

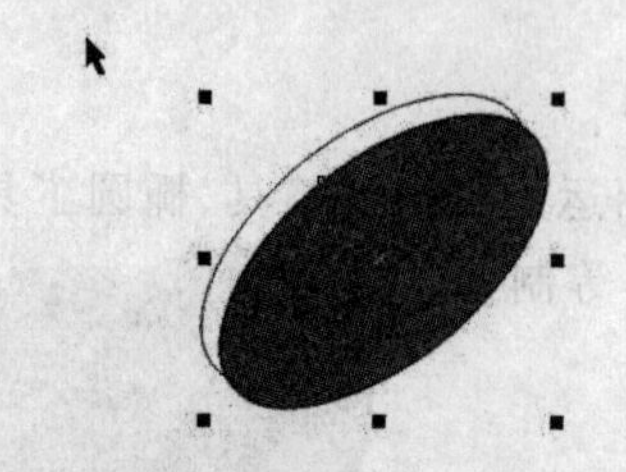

图13-2-6　填充效果

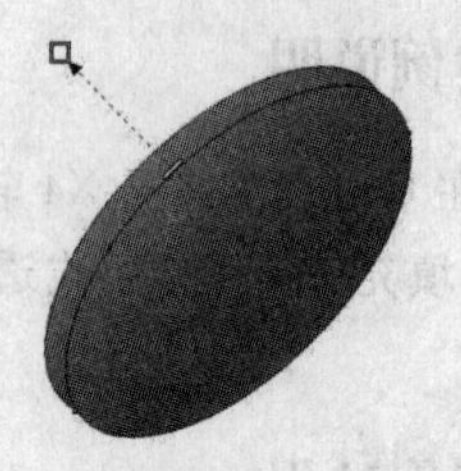

图13-2-7　交互式填充工具填充图形

步骤7.单独选中椭圆部分，选择交互式透明工具，单击洋红色椭圆的中间偏右下部分，然后向左上方进行拉伸，产生出洋红向透明的渐变效果。设置透明方式为“线性”，透明中心点为“100%”，渐变透明角为“150°”，边界为“24”，效果如图13-2-8所示。

步骤8.再选中圆弧部分，选择交互式透明工具，单击洋红色椭圆的中间偏右下部分，然后向左下方进行拉伸。设置透明方式为“线性”，透明度操作为“正常”，透明中心点为“100%”，渐变透明角为“-165°”，边界为“21”，效果如图13-2-9所示。

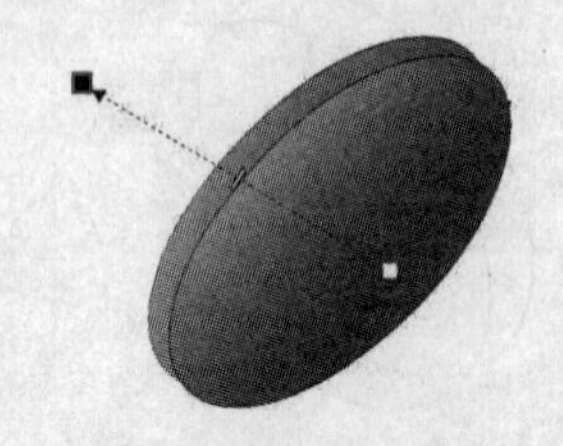

图13-2-8　交互式透明效果

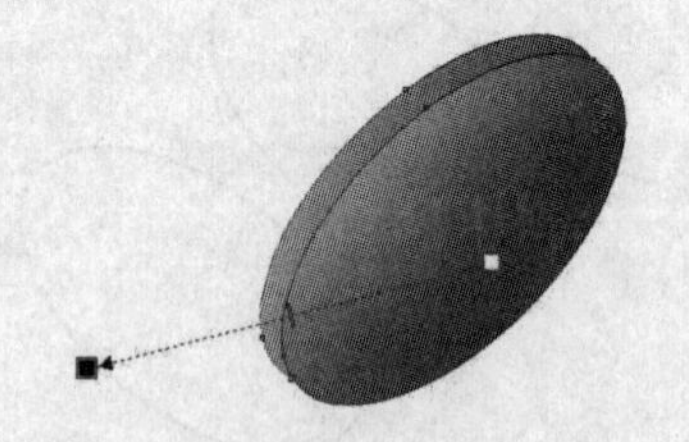

图13-2-9　设置透明效果

步骤9.将调好颜色透明度的图形用挑选工具选中，单击鼠标右键进行复制，如图13-2-10所示。

步骤10.用挑选工具选中其中一个图形，单击鼠标右键，从快捷菜单中选择“属性”命令，打开“对象属性”对话框，如图13-2-11所示，可调整选中图形的旋转角度，也可以双击图形来调整其角度。

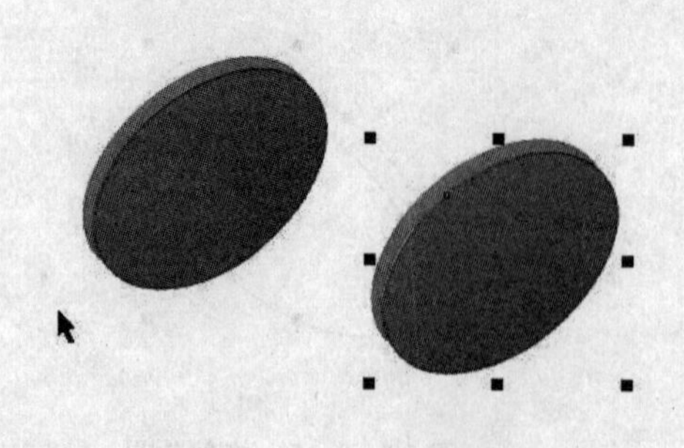

图13-2-10　复制图形

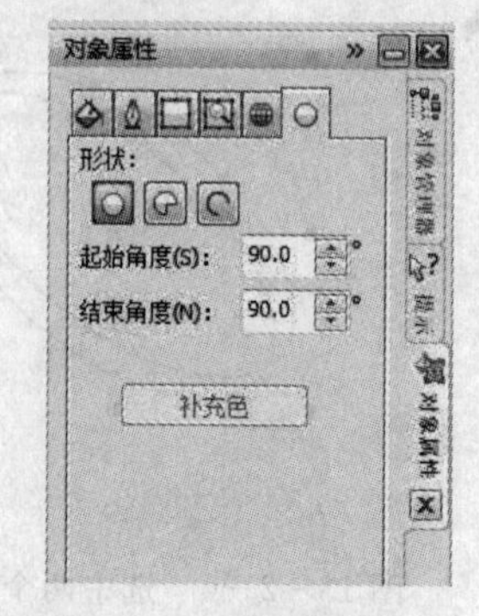

图13-2-11　“对象属性”对话框

步骤 11. 将之前选中的单个图形进行旋转，移至另一图形之上，使图形呈轴对称图形，如图 13 - 2 - 12 所示。

步骤 12. 在工具箱选中文本工具，在空白处输入字符“SOEOOD”，字体设置为“Arial”，大小设置为“24 pt”，如图 13 - 2 - 13 所示。

步骤 13. 用挑选工具将文字选中，移至图形上，效果如图 13 - 2 - 14 所示。

图 13 - 2 - 12　轴对称效果

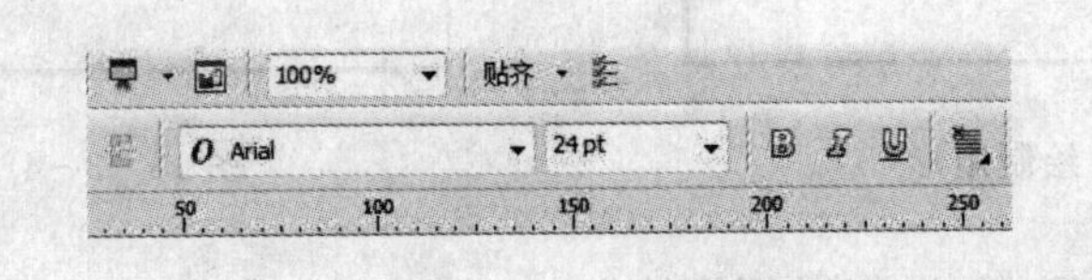

图 13 - 2 - 13　文字设置

图 13 - 2 - 14　添加文字效果

步骤 14. 最后将文件导出成 JPG 格式。选择菜单“文件”|“导出”命令，接着默认设置，单击“确定”按钮后，导出文件成功。

13.3　案例：企业名片设计

13.3.1　案例说明

本案例通过在 CorelDRAW X4 软件中制作名片，重点介绍名片尺寸的调整，以及名片样式风格的设计。

13.3.2　制作过程

步骤 1. 调整纸张尺寸，宽度设为“99.0 mm”，高度设为“55.0 mm”，如图 13 - 3 - 1 所示。

步骤 2. 新建纸张，此时纸张宽度为 99 mm，高度为 55 mm，效果如图 13 - 3 - 2 所示。

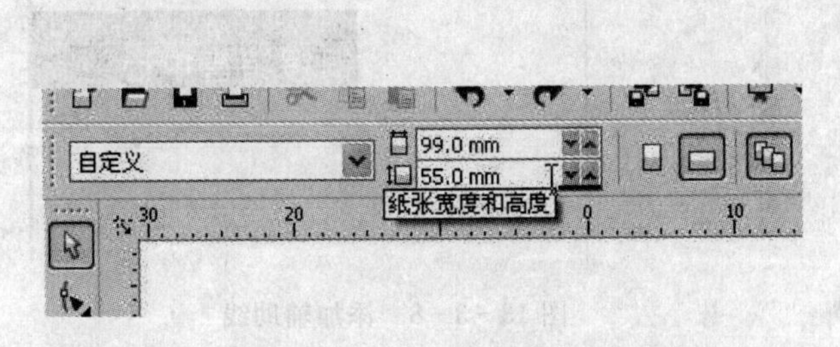

图 13 - 3 - 1　设置纸张尺寸

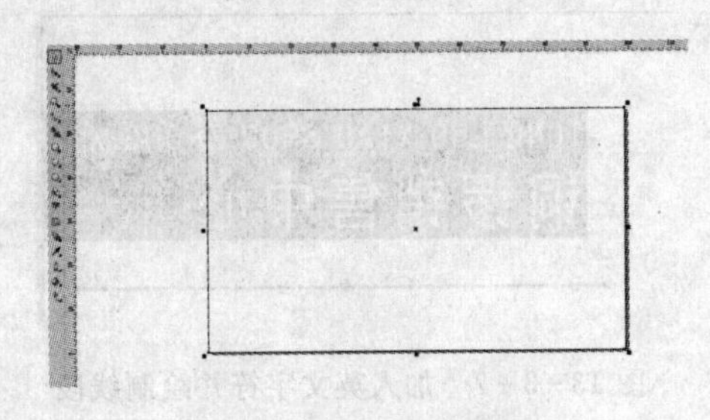

图 13 - 3 - 2　新建纸张

步骤 3. 选择矩形工具，在页面中绘制一个矩形，如图 13 - 3 - 3 所示。

步骤 4. 在调色板“黑色”处单击，将矩形填充为黑色，如图 13 - 3 - 4 所示。

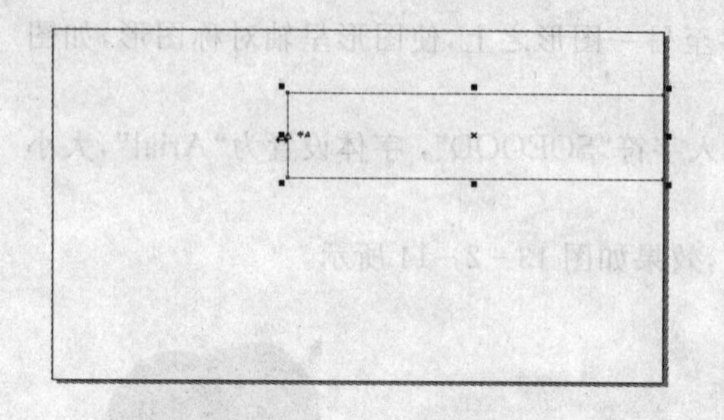
图 13-3-3 绘制矩形

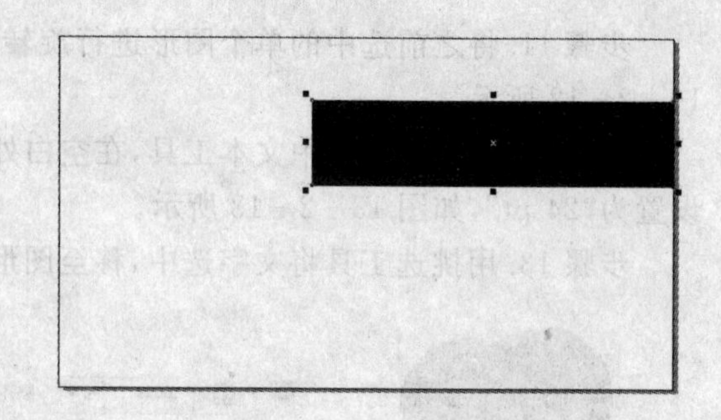
图 13-3-4 填充为黑色

步骤 5. 选择文字工具，输入文字“铜锣销售中心”，位置和大小如图 13-3-5 所示。

步骤 6. 选择挑选工具，将输入的文字选中，移至如图 13-3-6 所示的位置，将文字颜色设置为白色。

图 13-3-5 添加文字

图 13-3-6 设置字体

步骤 7. 选择文字工具，输入英文字母，并调整其大小，颜色设置为白色，将其拖入方框中，并选择钢笔工具绘制一条线段，效果如图 13-3-7 所示。

步骤 8. 将线段移至如图 13-3-8 所示位置，并设置为白色。再利用鼠标从标尺上拖出两根辅助线，放到如图 13-3-8 所示的位置。

图 13-3-7 加入英文字符并绘制线段

图 13-3-8 添加辅助线

步骤 9. 将名片左下角文字添加至如图 13-3-9 所示的位置，并调整好文字的大小与位置。

步骤 10. 选择菜单“文件”|“导入”命令，导入上例绘制的水晶小球，其大小和位置如图 13-3-10 所示。

图 13-3-9　名片正面效果图

图 13-3-10　导入水晶小球

步骤 11. 选定名片正面框架，按下鼠标左键不放，单击鼠标右键将名片框架进行复制，作为名片的背面。将背面框架和正面框架并排对齐，并复制一个水晶小球到背面框架中，效果如图 13-3-11 所示。

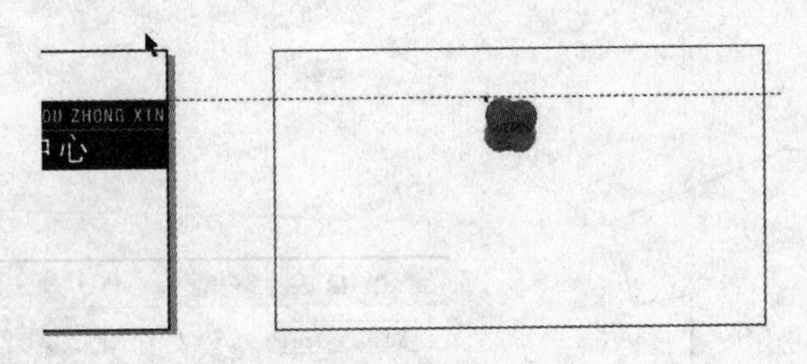

图 13-3-11　名片背面

步骤 12. 添加相应的文字和线段，大小与位置如图 13-3-12 所示。名片最终效果如图 13-3-13 所示。

图 13-3-12　名片背面效果图

图 13-3-13　名片最终效果

13.4 拓展案例:员工制服设计

13.4.1 案例说明

本案例主要介绍在CorelDRAW X4软件中运用贝塞尔工具、形状工具、手绘工具、椭圆工具等,进行制服的设计与绘制。

13.4.2 制作过程

步骤1.新建一个文档,在手绘工具中选择钢笔工具,绘制衣服轮廓,轮廓线宽设置为0.2 mm,如图13-4-1所示。选择形状工具,如图13-4-2所示,将衣领部分修改为如图13-4-3所示的效果。

图13-4-1 衣服轮廓

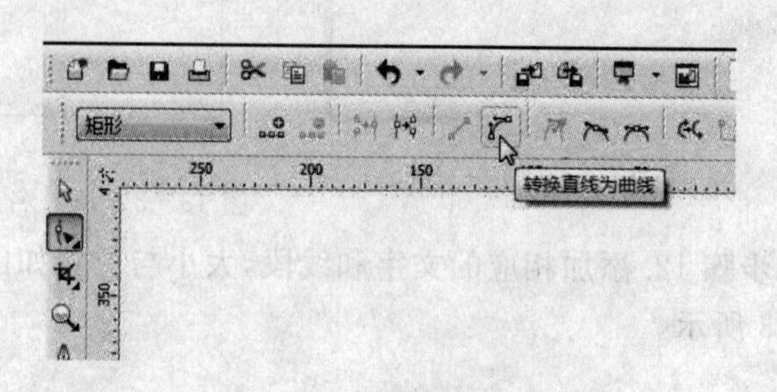

图13-4-2 转换直线为曲线

步骤2.如图13-4-4所示,选择贝塞尔工具绘制衣袖,如图13-4-5所示。

图13-4-3 衣领修改效果

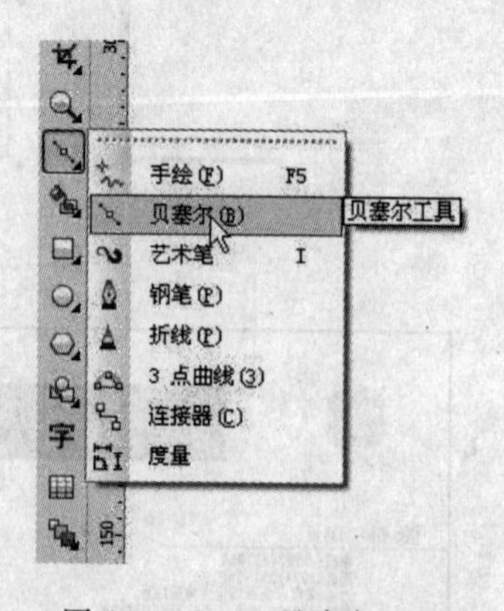

图13-4-4 贝塞尔工具

步骤3.使用贝塞尔工具绘制衣服领带、外领,如图13-4-6所示。

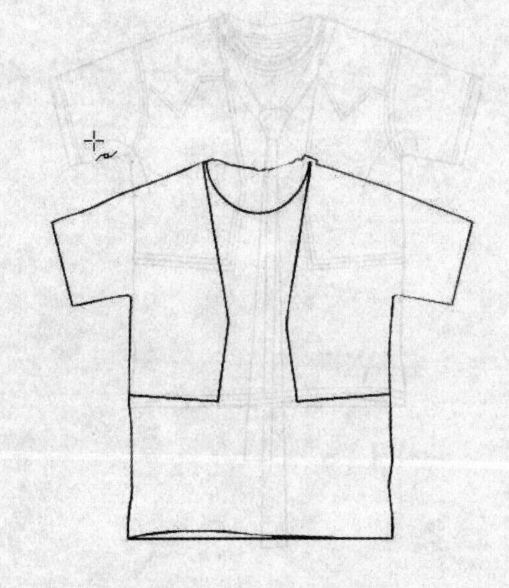

图 13-4-5　衣袖效果

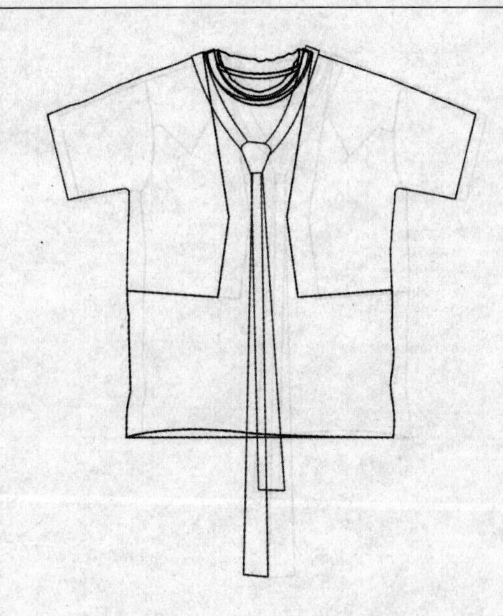

图 13-4-6　绘制领带、外领

步骤 4. 使用贝塞尔工具绘制右衣袖，如图 13-4-7 所示。选中绘制的衣袖，进行复制，改变衣袖的方向，移到左边，如图 13-4-8 所示。

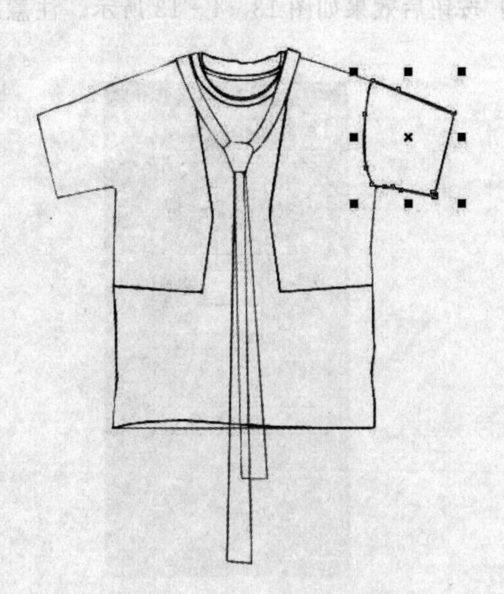

图 13-4-7　绘制右衣袖

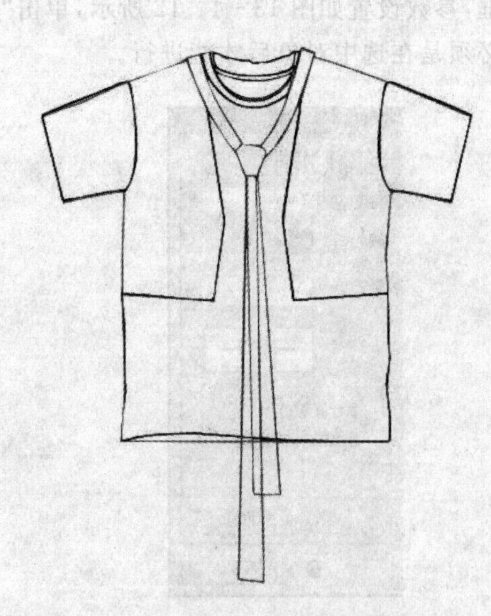

图 13-4-8　绘制左衣袖

步骤 5. 使用贝塞尔工具绘制衣肩，如图 13-4-9 所示。

步骤 6. 使用贝塞尔工具绘制衣纹明线，如图 13-4-10 所示。

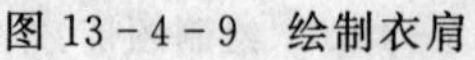

图 13-4-9　绘制衣肩

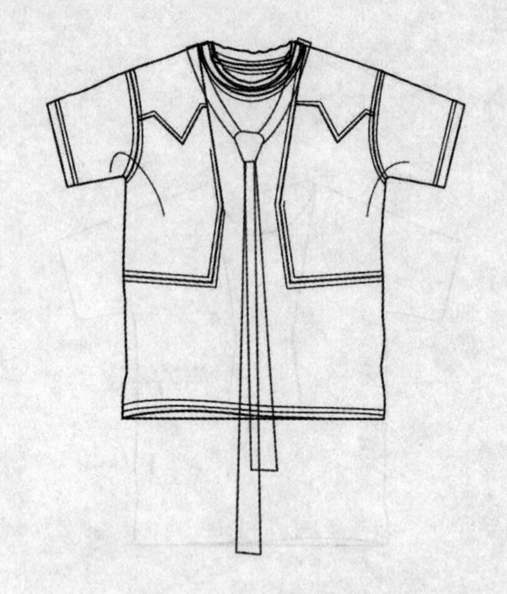

图 13-4-10　绘制衣纹

步骤 7. 选择菜单“窗口”|“泊坞窗”|“属性”命令，打开“对象属性”对话框，将轮廓笔的样式设置成“点状”，如图 13-4-11 所示。选择菜单“窗口”|“泊坞窗”|“轮廓图”命令，弹出“轮廓图”对话框，参数设置如图 13-4-12 所示，单击“应用”按钮后效果如图 13-4-13 所示。注意以上操作必须是在选中对象后才能进行。

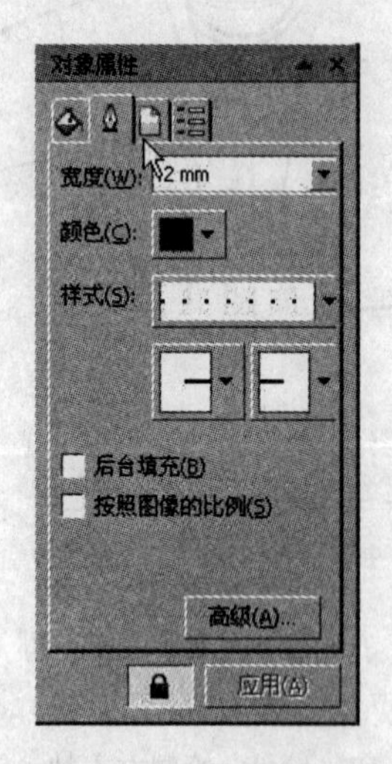

图 13-4-11　“对象属性”对话框

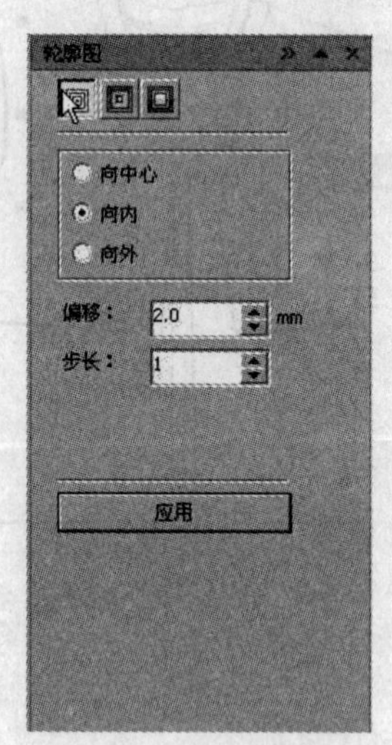

图 13-4-12　“轮廓图”对话框

步骤 8. 使用贝塞尔工具绘制衣褶，如图 13-4-14 所示。

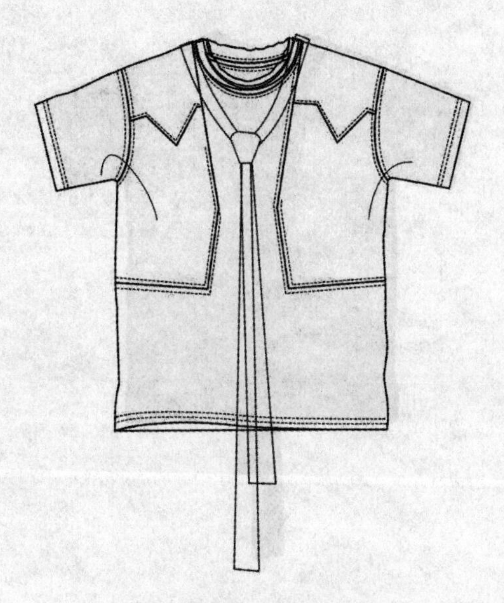

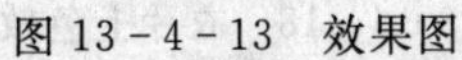

图 13-4-13　效果图

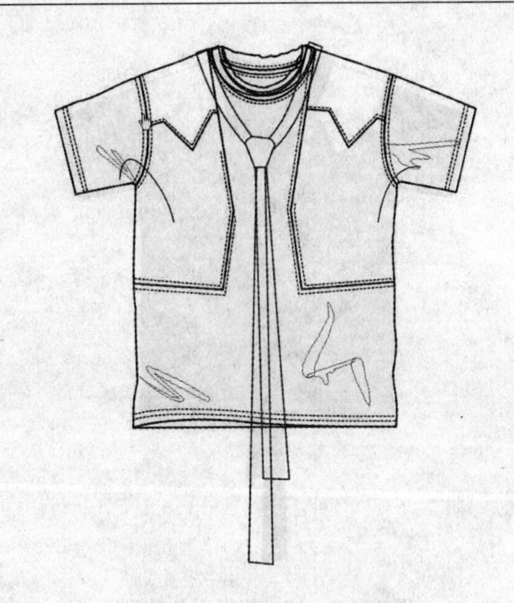

图 13-4-14　衣褶效果

步骤 9.选择颜色填充工具给衣服大体着色(C:49,M:54,Y:100,K:3),如图 13-4-15 所示。

步骤 10.给衣领着色,如图 13-4-16 所示,颜色为"C:40,M:28,Y:29,K:0"。

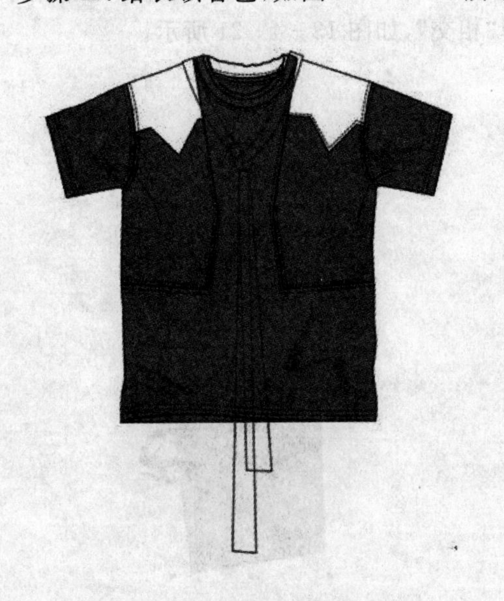

图 13-4-15　衣服大体上色效果

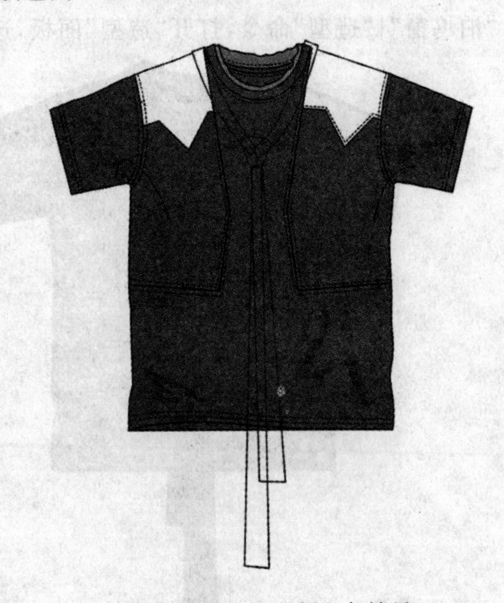

图 13-4-16　衣领上色效果

步骤 11.给领带着色,颜色为"C:91,M:87,Y:87,K:78",效果如图 13-4-17 所示。

步骤 12.给衣片上色,颜色为"C:19,M:21,Y:37,K:0",效果如图 13-4-18 所示。

图 13-4-17 领带上色效果

图 13-4-18 衣片上色效果

步骤 13. 选择艺术笔工具，在属性栏中单击“喷灌”按钮，在“喷涂”下拉列表中选择合适的图案，对所需区域进行喷灌。根据需要在属性栏中调节“喷笔尺寸”、“喷绘方式”、“涂抹数量和间距”、“旋转角度”及“偏移”等，以达到满意效果，喷灌效果如图 13-4-19 所示。

步骤 14. 打开如图 13-4-20 所示的底纹图案，同时选中底纹图案和衣片部分，选择菜单“窗口”|“泊坞窗”|“造型”命令，打开“造型”面板，选择“相交”，如图 13-4-21 所示。

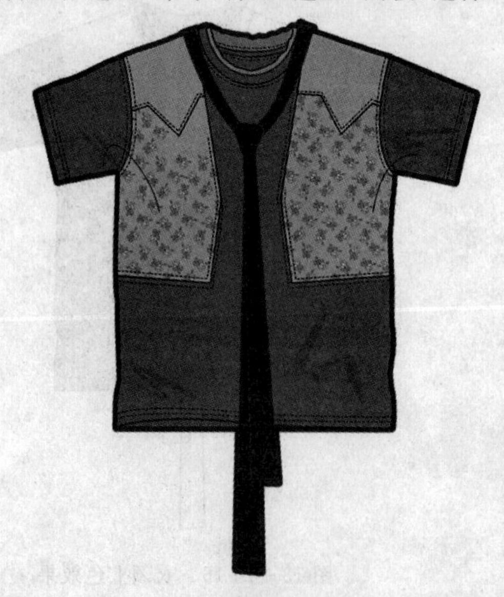

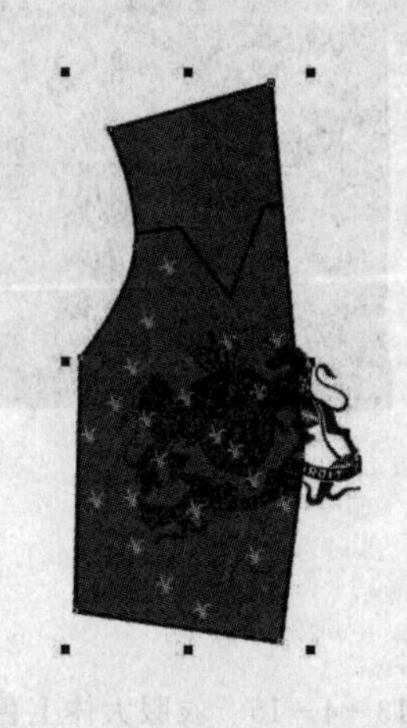

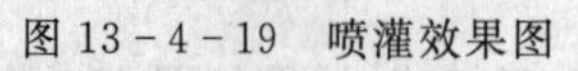

图 13-4-19 喷灌效果图

图 13-4-20 添加底纹

提示：相交可以在多个对象的交叠处产生一个新的对象，例如创建两个叠加图形，先选中底层图形作为来源对象，如图 13-4-21 所示，单击“相交”按钮，当箭头转变为两叠加矩形时将其移至另一图形上单击，则修剪完成。要注意的是最后选择的图形是将被修剪的目标图形。

步骤 15. 添加底纹，完成后的最终效果如图 13-4-22 所示。

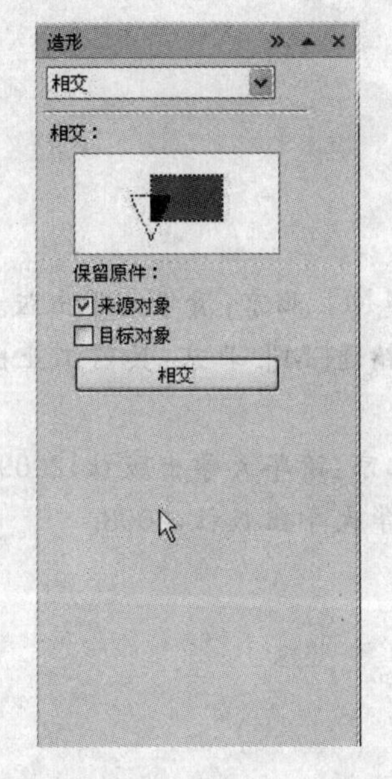

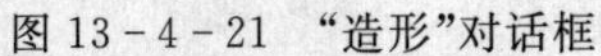

图 13-4-21　“造形”对话框　　图 13-4-22　最终效果图

小结与练习

本章小结

本章重点学习了 VI 设计的基本知识、一些基本技巧和方法，为今后走上工作岗位打下了较好的基础。

练　习

打开 CorelDRAW X4 应用程序，利用填充工具结合交互式填充工具进行标志的制作，效果如图 13-1 所示。

图 13-1　标志设计

参考文献

[1] 李金荣,李金明. Photoshop CS3 设计与制作深度剖析[M]. 北京:清华大学出版社,2009.
[2] 思维数码. 中文版 Photoshop CS4 案例实战从入门到精通[M]. 北京:兵器工业出版社,北京希望电子出版社,2009.
[3] 刘孟辉. CorelDRAW X4 设计与制作深度剖析[M]. 北京:清华大学出版社,2009.
[4] 张瑞娟. CorelDRAW X3 完全学习手册[M]. 北京:清华大学出版社,2008.